AF247689

de *la Californie*, vers 1848, époque à laquelle tant de malheureux, déclassés
pour la plupart, allèrent tenter la fortune
dans les gisements aurifères de l'Austra-
lie.

Le village fut fondé par un nommé
Alexandre *Chauvelot*. Ce Chauvelot d'a-
bord chanteur ambulant, puis rôtisseur
et spéculateur finit propriétaire, et voici
comment. Etant parvenu à amasser,
malgré ses différents métiers, quelques
tintinnabulants rougets, il acheta des
terrains incultes entre Vanves et Paris,
dans la plaine de Montrouge ; y bâtit des
masures qu'il loua — avec bénéfices.
En effet, tout un peuple à la mine
hagarde et aux vêtements rapiécés se
rua bientôt dans les bâtisses du « père
Chauvelot ». Une fois la colonie consti-
tuée et prospère, il fallut la baptiser.
Ma foi, les guerres d'Orient battaient leur
plein, les cerveaux étaient surexcités.
Chauvelot bâtit une tour en charpente
qu'il appela *Malakoff*. C'était en 1858.

Pendant trois années encore, ce fut la
prospérité : un petit enclos enserra la
tour, des bosquets s'édifièrent, et les
Parisiens y vinrent le dimanche, chan-
ter, le verre en main, des couplets patriotiques.

Les affaires marchaient bien quand la
mort, sinistre faucheuse, enleva Chauvelot à l'affection de ses compatriotes
(1861). Ce fut la débâcle.

Les héritiers conservèrent la fameuse
tour mais se brouillèrent avec les con-
cessionnaires de la colonie qui déguer-
pirent. Puis 1870 arriva. Le génie militaire rasa les maisonnettes qui se trouvaient dans la zone ; la tour de Malakoff,
même, ne trouva point grâce devant le
fer des démolisseurs.

L'année terrible écoulée, la tour fut
rebâtie, mais le temps accomplit lente-
ment son œuvre destructrice et, maintenant, cette descendante du fanion des
populations primitives s'effrite et s'effon-
drera piteusement dans le premier oura-
gan de l'équinoxe.

V. B.

ALEX. CHAUVELOT

Fondateur des villages de Plaisance, des Thermopyles, de la Tour Malakoff
et la Californie et de Villafranca.

GUIDE

A LA TOUR MALAKOFF

ET A LA

CALIFORNIE PARISIENNES

Rendez-vous de la bonne Société, aux portes de la capitale

ORNÉ DE 41 DESSINS SUR BOIS

REPRÉSENTANT DES

Monuments, Sites, Tableaux, Fêtes, Bals champêtres et autres sujets d'art
dédiés à nos gloires militaires

PAR H. CASTILLON (D'ASPET)

SOUS LA DIRECTION DE

M. CHAUVELOT

Propriétaire-Fondateur de la TOUR MALAKOFF, etc., etc.

PARIS

IMPRIMERIE FRANÇAISE ET ANGLAISE DE E. BRIÈRE

RUE SAINT-HONORÉ, 257.

DÉPOT A LA TOUR MALAKOFF.

1860

A Sa Majesté **NAPOLÉON III**, Empereur des Français.

Sire,

J'ai l'honneur de venir déposer aux pieds du trône de Votre Majesté un livre qui, sous le titre modeste de *Guide à la Tour Malakoff et à la Californie Parisiennes*, renferme la description d'une œuvre civilisatrice que j'ai commencée et achevée sous Votre auguste règne.

Elevé, sous l'ère impériale, dans les sentiments d'amour et de dévoûment que tout bon Français ressentait pour le chef immortel de Votre glorieuse race, je n'ai pas cessé un instant de m'attacher, de plus en plus, par ma pensée comme par mes actes, aux souvenirs de la dynastie Napoléonienne.

Aussi, lorsque au milieu des grands événements qui vous appelèrent au trône et que survint la guerre de Crimée, je voulus m'associer, Sire, dans la mesure de mes moyens et relativement à ma condition, à la gloire de vos armes. Persuadé que la guerre d'Orient se terminerait selon Vos vœux et ceux de la nation, je m'inspirais d'une pensée toute patriotique en faisant élever à mes frais la *Tour Malakoff*.

Dans cette construction toute monumentale, dans son genre, j'ai voulu, Sire, par les nombreuses peintures qui la décorent, en faire un musée civique où le peuple puisse venir puiser un enseignement et des souvenirs à la fois. Quel plus noble enseignement peut-il trouver, en effet, que celui qui lui est offert par les actions d'éclat d'un fils, d'un père ou d'un frère ; par la renommée de Vos armes qui ont si bien maintenu la gloire militaire de la France ; enfin, par le dévoûment et le courage de

Vos vaillants capitaines : les Saint-Arnaud, les Pélissier et les Canrobert !

Sire, dans ma pensée, la *Tour Malakoff*, qui appartient désormais à l'histoire, est appelée à redire aux générations futures, que Vous avez rétabli Vous-même un grand gouvernement contre lequel s'étaient indignement ligués des rois et des empereurs ; tandis que, si Votre Majesté a fait alliance avec d'autres souverains, ce n'a été que pour maintenir en Europe le règne de la civilisation et les droits des peuples.

A la *Tour Malakoff*, Sire, se rattache le village de la *Nouvelle Californie*. Il fut fondé dans ces jours de détresse où s'agitait l'importante question de venir en aide par des travaux à la classe ouvrière. Inspiré par l'exemple de Votre Majesté, qui se consacrait alors comme aujourd'hui à soulager les souffrances du peuple, je morcelai une partie de la plaine de Vanves que je vendis par parcelles de terrain aux ouvriers, fabricants et employés économes, afin de les attacher à la propriété, source de l'amour de l'ordre ; et de procurer ainsi par des travaux utiles quelque peu d'abondance aux ouvriers inoccupés. Aussi, quelques années à peine ont suffi pour fertiliser un sol sur lequel se sont élevés, comme par enchantement, plus de *quatre cents habitations*, entourées de jardins superbes.

Ne semblait-il point, Sire, qu'en fondant ce village, je lisais dans l'avenir, prévoyant déjà que sous un règne aussi prospère que le Vôtre, Paris, la cité du monde, allait, quelques années plus tard, devenir trop étroit pour contenir tous ses habitants dans son antique enceinte ?

Sire, je me croirai assez récompensé des sacrifices et des efforts que j'ai faits comme fondateur de plusieurs villages, tels que *Plaisance*, *Les Termopyles*, *La Nouvelle Californie* et *Villafranca*, si Votre Majesté daigne honorer d'un regard favorable la *Tour Malakoff* qui s'élève au centre du village de la *Nouvelle Californie*, et convertir le nom de ce dernier en celui de *Malakoff*, de glorieuse mémoire.

Votre Majesté mettra encore le comble à mon bonheur et à mon ambition, si Elle daigne, en outre, accepter comme très humble hommage, l'obélisque de *Villafranca*, élevé par mes soins en l'honneur de l'armée d'Italie et à l'Empereur Napoléon III. En acceptant cet hommage, Sire, Vous placez sous Votre immortel patronage un monument tout patriotique et qui rappellera à la postérité de glorieux et d'impérissables souvenirs.

J'ai l'honneur d'être,

Sire,

De Votre Majesté,

Le très-humble, très-dévoué serviteur et sujet,

CHAUVELOT.

A la Tour Malakoff, commune de Vanves.

10 novembre 1860.

NOTICE BIOGRAPHIQUE

DU

FONDATEUR DE LA TOUR MALAKOFF.

———

Lorsqu'un homme s'élève par son travail et son industrie au-dessus de sa condition et qu'il parvient ainsi à acquérir une fortune honorable, on ne peut lui contester, certes, d'être un homme de mérite qu'a favorisé la nature. Mais si cet homme ajoute encore à ce mérite particulier, celui d'une prévoyance philanthropique qui le porte à user de sa fortune pour fonder des villages, utiliser des terrains vagues pour y élever des constructions, entretenir l'esprit national en consacrant des monuments à nos gloires militaires, se dévouer, en un mot, au bien-être des classes ouvrières et aux plaisirs des classes riches et aisées, cet homme doit être regardé comme un homme utile et un ami de l'humanité. C'est sous ce double aspect que s'offre à notre esprit le propriétaire de la *Tour Malakoff* et de la *Californie Parisiennes*, dont nous voulons esquisser la vie en quelques lignes placées en tête de cet ouvrage.

Chauvelot, plus connu d'abord sous le nom de David, sorti des rangs du peuple et d'une famille obscure, a commencé par être ouvrier. Quoique doué d'une grande intelligence qui lui servit à acquérir des connaissances et une instruction assez étendues, ce ne fut néanmoins que par le produit du travail de ses mains qu'il fit les premiers pas dans la carrière qui devait le mener à la fortune.

En quittant la boutique ou l'atelier, jeune encore, *Chauvelot* aborda successivement le commerce et l'industrie où il se disdingua honorablement (1). Ce fut d'abord sous la Restauration que le jeune ouvrier et poète, devenu industriel et commerçant, vit ses économies fructifier au point que déjà, en 1850, il avait acquis une aisance telle qu'il aurait pu se retirer des affaires pour vivre dans le calme de la retraite.

(1) Il se fit même, sous le nom de DAVID, qu'il devait changer plus tard en celui de *Chauvelot*, qui est celui de sa mère, un nom très populaire comme chansonnier. Le nombre de ses productions, depuis 1814 jusqu'en 1830, est considérable, ayant abordé avec un égal succès tous les genres lyriques. La romance, la gaudriole, la poésie bachique et érotique lui doivent les créations qui eurent une grande vogue, à cette époque où la muse de Béranger préludait déjà ses chants qui devaient être immortels. Mais c'est surtout dans la chanson patriotique que devint célèbre *Chauvelot (David)*; nous avons de lui un recueil volumineux de ces poésies où respire l'amour de la patrie et dont la plupart pourraient bien être encore aujourd'hui de circonstance. Nous n'en citerons qu'une seule, parce qu'elle a été si populaire que tous ceux de notre génération se rappellent encore le refrain comme si elle venait d'être composée. Nous la reproduisons avec bonheur :

PORTRAIT DE NAPOLÉON.

Air : *Rendez-moi mon léger bateau.*

Sous le ciel pur de la belle Italie,
Jeune soldat devint héros fameux;
Rendez honneur au guerrier valeureux
Du pont d'Arcole et de la Romanie.
Le dos voûté, toujours dispos,
Figure blême,
Sans diadème,
Petit de taille et le front haut,
A la forme de son chapeau
Reconnaissez-vous le héros ? (*bis*)

Eylau, Milan, Austerlitz, champs de gloire,
Furent témoins des faits de ce César;
Lui qui gravit le grand mont Saint-Bernard,
Se fit partout suivre par la victoire.
Le dos voûté toujours dispos, etc.

Plein de valeur, ce grand foudre de guerre,
Lorsque les rois s'armèrent contre lui,
Si par Raguse il ne fût pas trahi
La grande armée eût été prisonnière.
Le dos voûté, toujours dispos, etc.

Dormez en paix, vainqueur du Borysthène,
De Scipion vous eûtes la valeur ;
Vaste Univers, déplorez le malheur,
Du Prisonnier de l'île Sainte-Hélène.
Le dos voûté, toujours dispos,
Figure blême,
Sans diadème,
Petit de taille et de front haut,
A la forme de son chapeau
Reconnaissez-vous le héros? (*bis*)

Mais les âmes ardentes et qui semblent être prédestinées au service de l'humanité, ne s'arrêtent point à moitié de leur chemin. En continuant tantôt un commerce lucratif, tantôt en poursuivant la création de diverses industries qui lui procuraient de nouveaux bénéfices, *Chauvelot* finit par former un capital assez considérable qu'il consacra à la spéculation. Cette spéculation, d'ailleurs, n'était pas de celles qu'on ne puisse avouer; elle était, au contraire, des plus honorables, ainsi qu'on va en juger.

On sait qu'il y a à peine trente ans, les environs de Paris, et notamment ceux qui sont attenants à l'ancien mur d'enceinte, étaient formés de terrains vagues et délaissés par leurs propriétaires. On était loin de songer alors que Paris s'agrandissant, dépasserait son enceinte pour s'étendre jusqu'en dehors des barrières. Plus perspicace que les propriétaires de ces terrains, *Chauvelot*, dont l'avenir de la capitale de la France se dessinait à sa vue comme celui d'une cité qui s'agitait déjà dans des limites trop étroites pour la renfermer, entrevit d'un coup d'œil tout le parti qu'on pouvait tirer, dans un temps peu éloigné, de ces terrains.

Poussé par une idée hardie de spéculation et de calcul social, il acheta aux alentours des barrières du Maine et de Montparnasse une grande quantité de terrains inutilisés par leurs propriétaires, à des prix relatifs à leur état d'abandon. Ainsi la plupart furent vendus à raison de 2 francs le mètre carré; ce qui lui constitua une propriété immense qui devait produire au centuple par le morcellement et la construction.

Dans cette prévision, *Chauvelot*, actif et plein d'espérance en l'avenir, se mit immédiatement à l'œuvre. En peu d'années, les environs des barrières du Maine et de Montparnasse se couvrirent successivement de maisons qui s'alignèrent en rues, formèrent des places et se groupèrent en quartiers populeux où les ouvriers trouvèrent, enfin, des logements à bon marché. *Dix-huit cents à deux mille* habitations ont surgi, en quelque sorte, de dessous terre, au souffle de la volonté du nouveau fondateur et vinrent protester en faveur de sa pensée civilisatrice et sociale.

Ainsi le village de *Plaisance* est redevable de son origine et de son nom à *Chauvelot*, qui a voulu être, en même temps, et son fondateur et son père. C'est ainsi que successivement se sont produits sur la carte de Paris, et par sa puissante intervention, les villages des *Thermopyles*, de *Villafranca*, de la *Nouvelle Californie* et de *Malakoff*. Un de ces villages eût suffi à l'illustration de plusieurs hommes, *Chauvelot* en a voulu fonder quatre à lui seul.

Là ne s'est pas arrêtée son initiative de fondateur; car il a voulu élever encore à nos gloires militaires divers monuments, l'obélisque de Villafranca et la *Tour Malakoff*, dont nous aurons bientôt à raconter tous les détails historiques et artistiques.

Qui le croirait? Après trente années consacrées au bien-être de ses semblables, à dépenser des sommes énormes pour élever de nouvelles habitations plus en rapport avec les besoins des classes ouvrières, à apporter, en un mot, son contingent de maisons à cet immense Paris, dont les proportions deviennent, tous les jours, plus gigantesques, *Chauvelot* n'a pu se soustraire au venin de la calomnie. Que l'envie se fût attachée seulement à le dénigrer, nous le concevons. Les hommes utiles, les gens de bien n'ont jamais été épargnés par elle. Socrate est condamné à boire la cigüe parce qu'il est la personnification de la vertu au milieu de la Grèce corrompue; et Aristide est banni d'Athènes, parce qu'on est fatigué de l'entendre appeler le *Juste*. Mais calomnier *Chauvelot* aussi odieusement qu'on l'a fait de nos jours, c'est une tache dont nos contemporains auront à se disculper.

Mais pour répondre aux inventions de la calomnier, nous sommes bien forcés de le défendre et de raconter par des faits tout ce qu'il a accompli pendant plus de trente années de sa vie active et occupée.

Dans l'ardent dévouement qui le porta à venir ainsi en aide à ses semblables, *Chauvelot* ne se borna pas seulement aux questions d'intérêt privé; il aborda aussi le domaine des questions sociales et économiques. C'est à son initiative toute patriotique et philanthropique que l'on doit deux créations importantes dans l'ordre de l'administration publique, et une troisième qui ne peut manquer d'être accueillie favorablement par les grands pouvoirs de l'État, ayant une très-haute portée sociale.

La première de ces créations est celle des *Médecins des Pauvres* dans les villes et les campagnes, et dont on ne peut lui contester d'avoir été le promoteur, et si plus tard cette pensée toute d'humanité est complétement réalisée, c'est grâce à son insistance auprès des pouvoirs constitués. Il nous suffira, pour établir son droit d'initiative à ce sujet, d'ouvrir les colonnes du *Moniteur*, à la date du **18** février **1838**. Nous lisons, dans le compte-rendu de la Chambre des députés, les lignes suivantes à l'appui de notre affirmation :

« Le sieur *Chauvelot*, à Paris, demande que l'administration place,
» dans les petites villes, bourgs, villages et hameaux, des médecins char-
» gés de donner *gratuitement* leurs soins à la classe pauvre.

» La santé étant, dit le pétitionnaire, la richesse de l'ouvrier, le légis-
» lateur qui a tant fait pour le peuple en lui assurant gratuitement l'ins-
» truction primaire et les secours de la religion, ne peut, sous peine de
» laisser son œuvre imparfaite, se refuser *à la création qu'il propose*. Le
» *prêtre*, l'*instituteur*, et le *médecin*, ajoute-t-il, doivent marcher en-
» semble.

» Votre commission a vu dans la proposition du pétitionnaire une pen-
» sée philanthropique qu'elle n'a pas voulu repousser par l'ordre du jour,
» non pas qu'elle en juge l'application facile ou même immédiate ; mais
» elle croit cette pensée sympathique avec le mouvement de progrès qui
» nous porte vers l'amélioration des institutions. Elle a senti qu'il était
» dans l'ordre de nos perfectionnements sociaux que la haute sollicitude
» qui a doté nos villages des consolations de la *religion* et des bienfaits
» de l'*instruction primaire*, y plaçât un jour les *secours gratuits de la*
» *médecine*, comme un soulagement toujours à la portée des familles
» pauvres, et en même temps comme un moyen d'effacer les derniers pré-
» jugés d'une superstition barbare, encore si fréquemment exploités dans
» nos campagnes.

» Votre commission, voyant donc dans la pétition du sieur *Chauvelot* le
» germe d'une institution utile au peuple dans un avenir plus ou moins
» éloigné, a l'honneur de vous en proposer le dépôt au bureau des
» renseignements. » (Adopté.)

(Moniteur du 18 février 1838.)

Le germe de cette institution utile au pays fut fécondé par
la Révolution de 1848, et c'est le gouvernement de l'Empereur
qui l'a poussé à son entier développement; car c'est de nos
jours que la proposition philanthropique et sociale de *Chauvelot*
tend à recevoir sa complète réalisation.

La seconde création, que nous appellerons d'utilité publique,
et qui est due encore à l'intelligente initiative du fondateur de
la *Tour Malakoff*, a été conçue dans des circonstances tout
exceptionnelles. Vers les dernières années de la Restauration,
Chauvelot, qui voyageait beaucoup à cette époque, se trouvait
un jour, dans le Midi de la France, contraint de demander le
nom des routes qui composaient son itinéraire. Les habitants
d'une localité auxquels il s'adressait, dans ce but, n'ayant pu
se faire comprendre dans leur patois ou idiôme qu'il ne con-
naissait point, il advint qu'il s'éloigna du but de son voyage.
De pareilles méprises lui étant survenues plusieurs fois à ce
sujet, au milieu de contrées sillonnées de routes qui le laissaient indécis et incertain sur celle qu'il devait suivre, l'utilité de leur désignation, aux yeux des voyageurs, lui parut incontestable.

Aussi s'empressa-t-il, à son retour à Paris, d'adresser à la
Chambre des députés une pétition tendant à ce que des inscriptions, portant les noms des localités et des routes, fussent établies à l'entrée des petites villes, bourgs et villages, comme le
sont toutes les rues de la capitale. Cette pétition fut accueillie
favorablement par les députés du pays, et le ministre des travaux publics chargé d'en étudier et d'en faire une application
immédiate. L'année suivante, on vit, dans le nord de la France
surtout, et successivement dans les autres contrées, les désigna-

tions de chaque localité dans tous les bourgs et villages, à l'entrée de chacun d'eux, conformément aux désirs du pétitionnaire. Depuis ce moment, les voyageurs ne furent plus exposés à s'égarer dans leurs itinéraires, grâce à la persistante initiative de *Chauvelot*. Nous pourrions reproduire ici les termes de la pétition et la faveur avec laquelle on l'accueillit à la Chambre des députés, mais cette citation nous semble inutile ; il nous suffit d'attribuer à qui de droit le mérite de cette utile et incontestable innovation sous le rapport des avantages offerts à la viabilité. (*Moniteur du* 22 *janvier* 1832.)

Enfin, la troisième demande adressée par *Chauvelot* aux pouvoirs constitués date de l'année 1860 ; elle a été présentée au Sénat. Celle-ci renferme la solution d'une grande question sociale et économique. On se rappelle tous les ravages occasionnés par les *inondations* dans une partie du centre et du sud-ouest de la France ; on sait aussi que malgré la sollicitude du gouvernement pour réparer les désastres supportés par de nombreuses victimes, les ressources mises à sa disposition furent insuffisantes.

Aussi, poussé par un sentiment de haute philanthropie, *Chauvelot* n'hésita pas, comme il avait déjà fait, à s'adresser aux pouvoirs constitués pour leur demander, au nom de l'humanité, une loi sur les *calamités publiques*, dont il indique les avantages de la manière suivante. Cette loi aurait pour objet de pourvoir aux nécessités produites par les grandes inondations, au moyen des ressources spéciales de l'impôt, qui viendrait en aide aux victimes de ces sinistres. Cet impôt, réparti sur les contribuables, aurait l'avantage de fournir immédiatement les secours indispensables aux besoins du moment. C'est, comme on voit, une assurance générale, dont le gouvernement tend, de nos jours, à régulariser l'application, et que le fondateur de la *Tour Malakoff* a eu l'idée de formuler d'une manière plus prompte et plus efficace. Sous ce rapport, le budget ne serait augmenté l'année suivante que des sommes nécessaires en prévision des désastres à réparer.

Ce dévouement à la chose publique dont Chauvelot donna des preuves aussi manifestes et aussi désintéressées, se retrouve encore dans plusieurs autres circonstances de sa vie de citoyen et de simple particulier. Nous citerons les deux ou trois faits suivants à l'appui de notre assertion ; ils offriront un témoignage de plus en faveur de cette vérité que l'homme injustement méconnu ne saurait trop se faire connaître.

Le premier de ces faits remonte à l'année 1830 et se rattache à la révolution de juillet. On sait qu'à cette époque, la garde nationale fut réorganisée après être restée longtemps dans l'oubli ; on sait aussi que dès les premiers jours de cette organisation, et plus tard encore, le zèle des citoyens s'était singulièrement refroidi surtout dans les circonstances où l'esprit de parti prévalait sur le devoir et la défense de l'ordre public. Chauvelot appartenant alors à la 3e compagnie du 4e bataillon de la 6e légion, n'hésita pas un instant à accomplir ses devoirs de soldat citoyen qu'il prit au sérieux ; et alors que le zèle attiédi des défenseurs de l'ordre et de la liberté allait en décroissant au point que les cadres de la milice étaient souvent le plus incomplets, il ne fit jamais défaut à l'appel de ses chefs. La lettre suivante que lui écrivit, le 18 septembre 1830, M. Husson, colonel de la légion dont il faisait partie et dont l'original est sous nos yeux, est un des témoignages les plus honorables rendus à son civisme.

Voici cette lettre ou plutôt cette flatteuse attestation :

Paris, le 18 septembre 1831.

Monsieur et cher camarade,

Le sentiment intime de vos devoirs, la conviction de les avoir bien remplis dans toute leur étendue avec un patriotisme et un courage dignes d'admiration, peuvent se passer de remercîments, votre conscience vous disant tout ce que vous avez fait pour la chose publique : c'est là votre noble votre digne récompense.

Permettez-nous, cependant, de nous féliciter avec vous de cette circontance où, laissant de côté vos affaires, vos occupations, vos plaisirs de famille,

vous n'avez jamais manqué de saisir vos armes au premier bruit de l'ordre
public menacé. Par votre attitude énergique et celle de vos camarades,
vous avez contenu leur audace, vous les avez préservés de la folle tenta-
tion d'essayer de la force de vos armes. Quel citoyen portant un cœur français ne rougirait de honte, si par son absence dans les rangs de la garde
nationale il pouvait se reprocher d'avoir enhardi ces hommes qui veulent
substituer le règne de la violence au règne de la loi; on sait que la violence
est un torrent qui entraîne et détruit tout sans en rien épargner.

Les ennemis de l'ordre public ont redoublé leurs efforts dans ces dernières
journées, l'armée et la garde nationale leur ont montré la même attitude.

Recevez, monsieur et camarade, avec nos remercîments et nos félicita-
tions, sur la part active que vous n'avez cessé de prendre à tant de travaux, l'assurance de notre inaltérable dévouement et de notre affection
fraternelle.

Le lieutenant-colonel,

HUSSON.

Les chefs de bataillon,

SAINT-MARTIN et MAURICE.

C'est ainsi que Chauvelot comprit toujours ses devoirs de
garde national dont il ne se départit jamais. Nous retrouvons,
au reste, dans un recueil intitulé : *Vingt-quatre heures au donjon de Vincennes,* la confirmation de ce fait de dévouement à
toute épreuve aux institutions libérales de son pays. Il est men-
tionné dans ce recueil que Chauvelot appelé à monter la garde,
du 11 au 12 du mois de novembre 1830, au donjon de Vincennes où étaient renfermés les ministres de Charles X, accomplit sa tâche avec cette fermeté de citoyen qui n'exclut point
les égards et l'humanité que l'on doit aux grandes infortunes.
Dans le récit qu'il fait lui-même de cette détention et qui se
trouve consigné dans cette publication qui porte son nom, nous
avons remarqué ces réflexions qui retracent les sentiments généreux de son cœur et témoignent de ses convictions impéria-
listes.

« Cet officier, dit-il, en parlant de M. Louis Frot, placé auprès des ministres par ordre du gouvernement, cet officier est un de ces militaires dans lesquels respirent tout le courage et toute la loyauté qui ont jeté, pendant vingt-cinq ans, un si grand éclat sur nos armes, sous un chef qui fut abattu et non vaincu. On voit briller sur la capote qu'il a portée dans vingt batailles, cette étoile qu'il conquit au prix de son sang et de trente actions d'éclat. »

Plus bas, Chauvelot termine sa notice par ces lignes empreintes d'une sage philosophie, et dont les ex-ministres de la Restauration sont encore le sujet :

« Que de réflexions ne fait-elle pas naître dans notre esprit la situation de ces hommes qui, sortis la plupart des rangs inférieurs de la société, s'élevèrent si haut, et se trouvent placés aujourd'hui dans une position aussi critique ! Mais le lecteur les fera, sans doute, avant nous ; et en les faisant, ses yeux se tourneront vers la patrie. Vivent la France et la liberté ! »

Puisque nous parlons du dévouement civique de Chauvelot, nous ne passerons point sous silence un autre genre de dévouement tout personnel que nous révèle un certificat, signé Ant. d'Autran, commissaire du quartier du Mail, portant la date du 25 mai 1835, et qui nous peint le fondateur de la Tour Malakoff, à une époque déjà éloignée de nous, tel qu'il n'a cessé d'être toujours dans sa nature généreuse et sympathique. Il s'agit, cette fois, de l'incendie de la maison Poirier, marchand de bois, située rue Mazarine, 39, qui éclata pendant la nuit du 6 au 7 mai 1835. Les journaux de l'époque ont fait mention de cet affreux sinistre occasionné par la violence du feu alimenté par un immense dépôt de boiseries et autres matières combustibles. Pendant que les flammes dévoraient la maison Poirier dont il ne resta debout que les quatre murailles, elles menaçaient encore les maisons voisines et notamment celles de M. Blet, située dans la rue Dauphine. Cette dernière n'était séparée de celle où se trouvait le foyer d'incendie que par un pont en bois qui les séparait. Ce pont était déjà la proie des flammes qui allaient communiquer ses ravages de la rue Mazarine jusque dans la rue Dauphine, lorsque Chauvelot réveillé par les cris d'alarme, sortit de sa maison qui était dans le voisinage, et à moitié habillé, se précipite aussitôt vers le pont de bois, se saisit de toutes les boiseries enflammées qui communiquaient le feu aux maisons de la rue Dauphine et arrête ainsi la marche du fléau dévastateur. Pendant une heure, il lutta, seul, contre la violence des flammes et lorsqu'il l'eut comprimée, à peine avait-il enjambé le pont de planches, que celui-ci s'écroula avec un grand fracas entraînant dans les cours voisines ses restes carbonisés. Ce fut au péril de sa vie et comme par miracle qu'il échappa à une mort imminente. Mais il avait sauvé la maison Blet et peut-être aussi une partie du quartier de la rue Dauphine d'une ruine certaine.

Après cet acte de dévouement personnel, Chauvelot n'en continua pas moins de combattre les suites de l'incendie dont il venait d'arrêter la marche dévastatrice. Par ses soins, les pompes jouèrent jusqu'à neuf heures du matin, et par ses soins aussi, il les alimenta d'eau dans un quartier qui, à cette époque, était dépourvu de fontaines.

C'est un pareil acte de dévouement que l'autorité municipale voulut reconnaître, en adressant à Chauvelot une attestation justement méritée. L'assentiment public et la conscience d'avoir rempli un devoir d'humanité lui tenaient lieu alors de toute autre récompense.

Servir les intérêts de ses semblables avec sa propre fortune, veiller aux intérêts des ouvriers en leur consacrant ses capitaux, et chercher à éclairer le gouvernement sur les besoins des classes pauvres, telle a été la préoccupation constante de *Chauvelot* pendant plus de trente ans de sa vie laborieuse.

Nous ne descendrons point jusqu'à nous faire les redresseurs de torts de nos contemporains, en opposant à la calomnie l'éloge du fondateur des villages que nous avons énumérés. Ses actes, sa vie active, ses capitaux éparpillés en bienfaits de toute sorte, parlent plus haut que les paroles flatteuses d'un panégyriste. *Chauvelot* lui-même nous désapprouverait; car, s'il a bien mérité du pays et de la société, la récompense qu'il ambitionne, si toutefois il en ambitionne, doit venir de plus haut. Le biographe n'a pas à s'en préoccuper.

Il nous suffira seulement, pour clore ces quelques lignes, de citer ici deux poésies qui ont été adressées au fondateur de la Tour Malakoff, et dont les sentiments qu'elles expriment, sortant du cœur de quelques travailleurs, n'en sont pas moins une naïve et franche expression de la reconnaissance populaire à son égard :

HOMMAGE

Des Tambours du 21ᵉ bataillon de la Garde Nationale de la Seine.

A M. CHAUVELOT.

Un jour, un artisan rêvant de grands travaux,
Se dit : De l'ouvrier j'adoucirai les maux ;
Car un homme de cœur jamais ne se rebute,
Et marche vers son but, quelle que soit la lutte ;
Il met tout son bonheur à semer des bienfaits,
Et ses jours sont comptés par les dons qu'il a faits.
Que d'autres, désirant s'enrichir à la course,
Passent leur vie entière à jouer à la Bourse,
Risquant honneur, argent et repos du foyer
Sur un mot que demain peut porter le courrier ;
Que cette vie ardente et ces joûtes immondes
Qui creusent sur les fronts tant de rides profondes ;
Que ce flux et reflux de chocs et de combats,
Soient pour eux un plaisir, je ne le comprends pas.
Chauvelot, lui, du moins, n'a pas ces goûts futiles,
Et ses aspirations ont de nobles mobiles ;
Il veut de l'ouvrier être l'ange gardien,
Amoindrir son labeur et lui faire du bien.
Il veut par son génie embellir sa contrée,
En rappelant partout nos fastes de Crimée.
Il deviendra fameux, car il est sans égal,
Et pour faire le bien il n'a point de rival.
Cet homme généreux, que tant de monde ignore,

Vient de glorifier le drapeau tricolore ;
Et cette grande armée, illustre tant de fois,
Viendra chez Chauvelot admirer ses exploits.
Ici sont les chasseurs resplendissant de gloire,
Plus loin des bataillons courant à la victoire.
Voilà les tirailleurs ; ils sont sur le plateau ;
Vous pouvez les revoir sur ce vaste tableau.
La guerre de Crimée et ses belles batailles
Sont peintes avec art sur toutes les murailles.
Ce tableau reproduit le haut fait d'Inkermann,
Où s'immortalisait un autre Kellermann.
Plus loin sont des soldats affrontant la mer Noire,
Défenseurs du bon droit que bénira l'histoire.
La France et l'Angleterre, en se levant soudain,
Firent de leurs canons crier les voix d'airain.

    Ces tableaux, retracés par des mains fort habiles,
Se feront admirer par les plus difficiles.
Ils rediront à tous, comme un divin trophée,
Les hauts faits immortels de notre noble armée.
Allons, Waterloo, courbe ton front hautain,
Le Malakoff français a brisé ton airain !

    Courage, Chauvelot ! Votre œuvre magnifique
Sera célèbre un jour, malgré toute critique.
En dépit des jaloux, sans peur des envieux,
Poursuivez vos travaux, sévères, gracieux.
Et vous, belle jeunesse, en ces lieux si paisibles,
Venez chercher la joie et les plaisirs sensibles.
Reposez-vous, tambours ; taisez-vous, javelot,
Nous allons saluer le brave Chauvelot !

    Vous, qui des malheureux avez toujours pitié,
Recevez ce bouquet offert par l'amitié.
De notre sympathie acceptez l'assurance,
Et notre fier orgueil aura sa récompense.

VERMEULIN ET JANNEL (Frédéric).

Paris, 2 août 1858.

LE MALAKOFF FRANÇAIS

A M. CHAUVELOT

Les Tambours du 2ᵉ bataillon de la Garde Nationale de la Seine.

AIR : *De la Rose des Champs.*

Honneur et gloire à notre France !
Honneur et gloire à ses enfants !
Pays d'amour et d'espérance,
Où règnent les nobles penchants.
Un nom à peine à son aurore,
Mais qui resplendira bientôt,
Car il deviendra météore,
Il grandira ; c'est *Chauvelot.*

Hommage à notre jeune armée !
Hommage aux généraux fameux
Qui la guidèrent en Crimée !
Plantant l'étendard glorieux.
La défense fut héroïque.
En France, il est un beau plateau
Qui redit ce fait historique :
Nous le devons à Chauvelot.

Sur ce beau coteau de Plaisance,
Un obélisque au noble aspect
Rappelle tous les noms qu'en France
Chacun prononce avec respect.
Si pour la gloire de nos armes,
Le sang au fer mêla son flot ;
Français, venez sécher vos larmes
Au monument de Chauvelot.

Vivent la France et l'Angleterre !
Vivent les Turcs, les Piémontais !
Car la paix, cette bonne mère,
Nous la devons à leurs succès.
Un Malakoff se dresse en France
Comme un immortel javelot,
Pour attester notre vaillance ;
Nous le devons à Chauvelot.

Sois béni par la Providence,
Toi qui donnes au travailleur,
Pour son labeur, honnête aisance ;
Que Dieu te rende le bonheur,
Toi, de qui la noble pensée,
Par la truelle et le pinceau,
Redis les hauts faits de Crimée ;
Honneur, honneur ô Chauvelot !

Amis, je ne suis pas poète,
Mais je suis fier d'être Français ;
Et jour et nuit ma pauvre tête
Cherche à rimer sur nos succès.
Sur ce sujet que je révère,
Un ami m'aida d'un bon mot (1) ;
Chacun de nos cœurs est sincère
Pour rendre hommage à Chauvelot.

FRÉDÉRIC JANNEL

Paris, le 1er août 1858.

____

(1) Mon tambour-maître Vermoulin.

GUIDE

A LA TOUR MALAKOFF ET A LA CALIFORNIE PARISIENNES.

I.

Situation de la Tour Malakoff et de la Californie parisiennes. — Plan intérieur. — Le village et la tour Malakoff.

La Tour Malakoff et la Californie parisienne sont situées aux portes de la capitale, entre la belle route de Châtillon et celle de Vanves, l'une et l'autre sillonnées par de nombreuses voitures publiques; dans la magnifique plaine qui est contiguë aux fortifications, composant aujourd'hui le mur d'enceinte de Paris.

Le visiteur qui, partant de Montrouge ou de Montparnasse, aboutit par la porte de Châtillon ou par celle de Vanves à cette vaste plaine qui s'étend sous ses yeux, aperçoit à une centaine de mètres de distance environ une tour élevée et une tourelle flanquées de bastions et de remparts, un immense ballon aérien, l'extrémité d'un obélisque dont la pointe aiguë se découpe dans l'horizon et un ensemble de constructions de places fortes s'élevant majestueusement au milieu de bosquets, d'arbres et d'une luxuriante végétation. Ce sont la *Tour Malakoff* et la *nouvelle Californie* réunies ensemble comme deux oiseaux dans un même nid.

Ensemble de la Tour Malakoff, l'Obélisque, le Ballon aérien et la Tourelle de la Bastille.

Vue générale.

Mais lorsqu'on les voit de plus près, il est facile de distinguer que la *Tour Malakoff* et la *Californie* composent deux parties diverses quoique groupées sur la même surface et renfermées dans le même périmètre. On rencontre d'abord les maisons de la *Californie*, qui est tout un village percé de grandes rues, composé d'élégantes habitations bourgeoises et de magnifiques enclos, orné de superbes jardins, de restaurants, de cafés, d'établissements publics qui sont pleins de vie et d'animation, surtout les dimanches et les jours de fêtes. Les allées d'arbres qui décorent en partie ses grandes voies de communication font de la *Californie* un séjour des plus agréables pendant la belle saison de l'année.

La rue Chauvelot.

Ainsi, dans ce village enchanteur, qu'une baguette de fée

semble avoir fait sortir de dessous terre, on remarque la belle et grande rue *Dépinoy* aboutissant à la route de Châtillon, la rue *Chauvelot* qui forme une de ses principales artères, les avenues de *Montézuma* et du *Céleste-Empire*; enfin, les rues de *Panama, Santa-Clara*, de la *Perle-du-Brésil*, des *Oiseaux-du-Paradis*, de la *Tour-Malakoff*, de l'*Alma*, du *Camp-Français*, de la *Zône-Orientale*, de l'*Amérique-du-Nord*, du *Jardin-des-Hespérides*, des *Régions-Australes* et la rue du *Grand-Carénage*. Toutes ces rues sont de dix à douze mètres de largeur, dont chaque nom rappelle, comme on voit, un événement soit de notre époque, doit du temps passé.

Une montée près le Mamelon Vert.

Au centre du village, et comme un de ses appendices natu-
rels, se trouve circonscrite l'enceinte de la *Tour Malakoff* avec
ses monuments et ses constructions modernes, ses bastions, ses
batteries, les allées ombreuses de son labyrinthe, ses ponts har-
dis, sa vallée, ses grottes et toutes les œuvres d'art qui composent son intérieur.

La vallée d'Inkermann.

Ici, ce sont la *Butte-aux-Belles*, la *Vallée-d'Inkermann* et la
Tour-Malakoff. Celle-ci, véritable monument patriotique dédié
à la gloire de nos armées, avec ses balcons dentelés et ses vingt-
deux chambres qui portent toutes un nom de guerre, éclairées
par des vitraux orientaux d'une rare exécution, et avec ses qua-
rante-trois médaillons à fond d'or représentant les portraits de
nos grands généraux et des soldats qui ont illustré la France
dans la guerre de Crimée.

Là, c'est la petite *Tourelle* renfermant dans son sein de vieilles marches en pierre provenant de l'escalier de l'un des caveaux de la *Bastille*, une vieille *clef* qui a servi à ouvrir et fermer les portes de cette trop célèbre citadelle, et l'histoire en peinture de l'infortuné *Latude*, ses évasions et sa vie privée avant et pendant ses trente-cinq années de captivité.

Plus loin, c'est l'*Obélisque* qui est dédié à l'armée française et où se trouvent, inscrites en lettres d'or, toutes les campagnes de la guerre de Crimée. Ce sont les premières tranchées ouvertes au devant du *Grand-Redan*, les aspérités du *Mamelon-Vert* et les formidables redoutes des batteries noires, tandis qu'à quelques pas de distance, la locomotive qui passe rapide comme une flèche sur la ligne de la rive gauche de Versailles, projette ses nuages de fumée sur l'établissement de *Malakoff* comme pour l'envelopper d'une mystérieuse auréole.

Nous rappellerons à ce sujet qu'après « la bataille de Marengo, » le Corps législatif décréta qu'une colonne serait élevée en l'honneur des armées françaises ; un arrêté consulaire en ordonna » l'exécution. » Cette colonne ne fut pas élevée ; on construisit seulement un modeste monument à Desaix. Ce que le gouvernement ne fit pas alors, un simple particulier vient de le faire à soixante années de distance ; car l'obélisque de *Villafranca* est un hommage rendu à la fois aux soldats de la vieille armée d'Italie, comme à nos braves qui ont fait la dernière campagne illustrée par les victoires de Solferino, Magenta, Montebello, etc., etc. C'est ainsi que Chauvelot a comblé une lacune dans l'histoire de nos conquêtes, en reliant ensemble les anciens et les nouveaux souvenirs de la gloire militaire de la France.

L'obélisque de *Villafranca* peut donc être considéré à juste titre comme l'acquit d'une dette contractée envers la patrie par le gouvernement consulaire qui ne pût inscrire sur une colonne, à cause de la rapidité des événements, les noms et les victoires des soldats qui firent la première campagne d'Italie ; sous ce rapport, ce qui est digne de remarque, c'est le patriotique dévouement d'un simple particulier, du fondateur de la **Tour Malaboff**, qui n'hésite pas de se substituer à l'initiative d'un gouvernement auquel le temps manqua alors pour rendre un hommage permanent à l'immortelle armée d'Italie.

L'Obélisque de Villafranca.

Le Grand-Redan.

Ce sont enfin, dans l'ordre où nous allons les décrire, le *zodiaque* militaire, le beau salon de *Sébastopol*, le *Puits de l'Evangile*, le monstrueux *ballon* historique, le *Pont de l'Alma* et celui de *Traktir*, les grottes, les peintures murales, l'*Etoile de la France belliqueuse*, les statues et la salle de bal qui termine un ensemble de constructions monumentales par le symbole de la folie auquel se soumet notre faible humanité : le plaisir et le délassement après les peines et les fatigues de la vie.

C'est sous ce double aspect que nous allons passer en revue tout ce qui peut intéresser l'étranger et le visiteur dans l'enceinte à laquelle la *Tour Malakoff* a donné son nom. Nous décrirons les monuments et constructions dans l'ordre de leur importance historique.

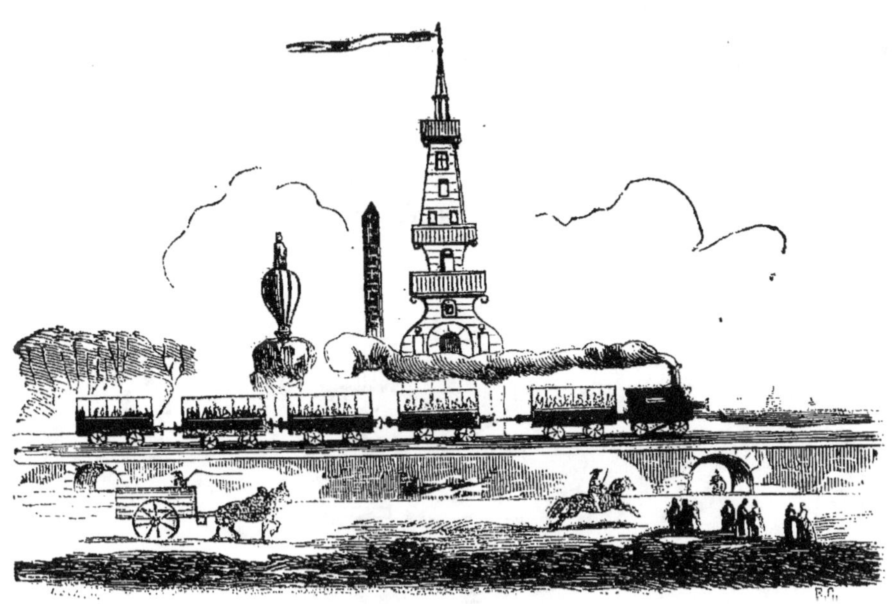

Les wagons du chemin de fer passant simultanément près la Tour Malakoff.

II.

La Tour Malakoff.

Cette Tour de forme carrée, quoique inégale dans les différentes parties qui composent sa construction, est un véritable chef-d'œuvre d'architecture dans son genre. Elle a cinquante mètres environ d'élévation à partir de la vallée d'Inkermann qui lui sert d'assise. Bâtie dans un style tout particulier et qui ne rappelle aucun de ceux qu'affectent nos monuments anciens et modernes, elle est plus en rapport, par son originalité, avec le caractère des constructions russes dont elle est une saisissante image. Un pays encore à demi-barbare comme la Russie ne saurait posséder le type régulier de l'art qui se fait admirer dans nos contrées civilisées.

La *Tour Malakoff* se compose de quatre parties bien distinctes : le *socle*, ou ce que nous appellerons de ce nom, affectant la forme d'un dôme immense très allongé ; le *col* étranglé de sa base qui repose sur ce dôme ; la partie pyramidale qui continue le prolongement de ce col et de la *lanterne* ou clocheton.

Cette masse imposante et pleine d'élégance à la fois est divisée, dans son intérieur, par une section de dix étages transformés en salles ou salons décorés dans le sens et la pensée de

Ensemble, le Petit-Redan, le pont de Traktir, l'Obélisque et la Tour Malakoff.

leur appropriation monumentale. Quatre balcons ou galeries percés à jour règnent tout autour de cette colossale cons-

truction, qui reçoit le jour intérieurement par cent vingt ouvertures ménagées avec la plus grande harmonie.

A ces balcons se rattachent aussi des souvenirs qui leur donnent une certaine importance historique, comme à la plupart
des matériaux qui ont été employés à la construction de Tour
Malakoff. Par une circonstance toute fortuite, ces balcons ainsi
que ceux qui servent à former la galerie du bal champêtre de la
Butte-aux-Belles, étaient restés pendant plus de 50 ans enfouis
dans les magasins d'un ancien entrepreneur des fêtes publiques
commandées par les gouvernements. Ils avaient déjà servi aux
fêtes de la fédération, en 1789, et avaient été témoins de la ré-
surrection des libertés nationales et de l'enthousiasme populaire
qui accueillit l'ère nouvelle de la France. A combien de vicissitudes ces bois façonnés n'ont-ils pas assisté, depuis la chute de
l'ancien régime jusqu'à la mort de l'infortuné Louis XVI, qui, ne
devant régner que par la loi, déchira son mandat, sollicité par
une noblesse inconsidérée de laquelle on a dit plus tard qu'elle
avait tout oublié parce qu'elle n'avait rien appris ? Si ce mo-
narque n'eût pas cédé aux instigations de ses imprudents con-
seillers pour arracher à son peuple des droits qu'il leur avait
cédés d'abord avec tant de générosité, on n'eût pas eu à déplorer les malheurs dont il fut la première victime.

Ces balcons, comme la poutre de l'octogone, comme le perron de la tour et les marches de la tourelle de la Bastille, comme
les pétrifications de l'entrée de la *Butte-aux-Belles*, du rocher
du Grand-Carénage, du pont de Turbigo et des grottes, ont été
pour Chauvelot, fondateur de son établissement, une bonne fortune due au hasard, puisque tous ces matériaux rappellent de
mémorables souvenirs. C'est ainsi que la Tour Malakoff, dédiée
à nos gloires nationales, dans le présent, a été construite de
nobles débris dans lesquels revit poétiquement l'image du
passé.

Ces balcons servent au visiteur de splendides stations d'où il
découvre un de ces panoramas enchanteurs que l'on ne retrouve
point dans les autres quartiers des environs de la capitale. Ainsi,
du sommet de ce monument, non-seulement l'on respire l'air

embaumé des campagnes environnantes, qui ont pour limites une plaine immense, le cours sinueux de la Seine, les coteaux de Meudon et de Saint-Cloud, et le paysage si pittoresque de Sceaux, de Fontenay-aux-Roses et autres sites ; mais encore, l'œil aperçoit, dans une circonférence de plus de 1,200 kilomètres, des forêts, des villas, des rivières et de vastes prairies, c'est-à-dire les merveilles de l'homme et de la nature semées à profusion dans cet immense amphithéâtre.

La Tourelle de la Bastille vue en dehors, rue du Sacramento.

Deux entrées principales donnent accès dans son intérieur : la première s'ouvre dans l'avenue du Sacramento, et l'autre dans l'enceinte de l'établissement, sur le premier plan qui aboutit au labyrinthe formé de riants bosquets et conduisant au pont de Turbigo.

Façade principale.

Avant de décrire les pages brillantes de l'histoire militaire peinte sur cette façade, arrêtons-nous un instant sur ce perron qui sert de degrés pour entrer dans la Tour. Un souvenir dramatique se rattache à ces pierres que nous allons fouler sous nos pieds. Elles proviennent de la démolition d'une maison moderne appelée le *Veau-qui-Tête*, située sur l'ancienne place du Châtelet, où elles avaient été apportées pour servir à sa construction, après avoir déjà été employées à celles de l'ancien Châtelet dont elles formaient les assises.

Que de tristes pensées ne se rattachent-elles point à ces pierres, qui, par les vicissitudes des temps, sont arrivées successivement à être utilisées pour une prison, pour un célèbre restaurant, et en dernier lieu pour se transformer en marches qui conduisent à un monument dédié à la gloire des armées françaises. Liées au souvenir du Châtelet, que de sombres pensées ces pierres ne rappellent-elles pas à notre esprit? Pendant combien de siècles n'ont-elles pas été témoins des pleurs et des souffrances de victimes peut-être innocentes qui furent jetées dans le souterrain des *oubliettes*, dans des cachots humides où elles expiraient ignorées après avoir subi les tortures les plus horribles? Qui sait encore si elles n'ont pas fait partie de ce trop fameux souterrain aux quatre-vingt-quatre marches dont fait mention la chronique et dans lequel Marguerite de Bourgogne entra en composition avec son Buridan? Toutes les suppositions sont possibles en présence de ces derniers et tristes débris d'une prison où s'accumulaient toutes les horreurs et toutes les atrocités commises par le code féodal pendant la douloureuse période de la féodalité.

Le caractère monumental de cette entrée de la tour ressort de ses dispositions architectoniques. La porte à plein-cintre, haute et large, est fermée par des vitrages savamment coloriés et combinés avec le style et la pensée de l'édifice dont la destination rappelle le souvenir de nos gloires militaires. Au sommet du dôme et un peu au-dessous de la première galerie apparaît le symbole de la France impériale : un aigle majestueux aux ailes déployées, dû au ciseau d'un habile sculpteur. Un peu au-dessous et sur la diagonale de l'entrée principale est le buste représentant *Napoléon III Empereur des Français*.

Comme pour servir de pendant au portrait du souverain de notre nation, qui fut le premier à se prononcer pour la guerre d'Orient, afin d'arrêter l'envahissement de la Russie vers les possessions ottomanes, on voit le médaillon de gauche représentant **S. M. le roi de Sardaigne**; et celui de droite qui reproduit les traits de **S. H. Abdul-Medjid,** empereur des Turcs.

Afin de conserver des souvenirs de patriotisme chers aux cœurs français, à côté de la porte d'entrée, à gauche, et presque au niveau de l'imposte, l'artiste a produit deux beaux traits de courage empruntés à la guerre d'Orient. Ainsi on s'arrête plein d'admiration et d'attendrissement devant l'image de l'un de nos braves, dont la tête est couronnée des lauriers de la victoire.

Mort glorieuse du sergent major FLEURY, du 1ᵉʳ de zouaves, en plantant le drapeau français sur la crête de l'Alma.

Le lieutenant POITEVIN se dévoue et reçoit la mort, comme le sergent-major Fleury, en plantant le drapeau du 39ᵉ sur la crête de l'Alma.

On y lit cette simple et éloquente inscription : MORT GLORIEUSE DU SERGENT-MAJOR FLEURY, DU 1ᵉʳ DE ZOUAVES, EN PLANTANT LE DRAPEAU FRANÇAIS SUR LA CRÊTE DE L'ALMA. — Au-dessous de ce portrait est un tableau peint sur fresque ayant pour titre : LES PARTANTS POUR SÉBASTOPOL, — 9 janvier 1855.

Le tableau de la bataille de *Magenta*, de l'autre côté, complète l'ensemble des décorations murales qui ornent cette partie de la façade où l'on voit les médaillons à fond d'or reproduisant les traits du général *Brown*, de l'amiral *Dundas*, d'*Ismaël-Pacha*, de l'amiral *Hamelin*, de lord *Raglan*, du duc de *Cambridge* et de la *Reine d'Angleterre*, c'est-à-dire la personnification vivante de l'alliance commune contractée en vue de la guerre d'Orient.

Sur la même façade, du côté gauche du spectateur, apparaît un écusson faisant le pendant de celui de gauche, qui représente les traits d'un sous-officier, un autre brave, l'ami et le compagnon du lieutenant, du sergent-major Fleury, mort comme lui sur le champ d'honneur. L'inscription suivante rappelle également son action d'éclat : Le lieutenant Poitevin se dévoue et reçoit la mort, comme le sergent-major Fleury, en plantant le drapeau du 39ᵉ sur la crête de l'Alma. Un peu au-dessous est le tableau : des revenants de Sébastopol, — 29 décembre 1856. Les personnages de cette peinture y sont mouvementés, dessinés avec hardiesse et rappellent la brillante entrée de nos troupes d'Orient dans les rues de la capitale.

Comme le tableau qui lui est parallèle, cette peinture respire l'animation, l'enthousiasme et la valeur guerrière dans les différents traits des personnages qui composent cette scène vraiment militaire. Les groupes y sont dessinés avec une vérité et un entrain qui font honneur à M. Vaillant, l'artiste qui les a peints avec toute la couleur locale que comportait son sujet. —

SAINT-ARNAUD, CANROBERT, PÉLISSIER.

Un peu sur la gauche et au-dessous du pont de *Traktir*, on remarquera un médaillon sur fond d'or qui mérite d'attirer l'attention de l'étranger et du visiteur. Il représente trois de nos vaillants et immortels généraux : Saint-Arnaud, Canrobert et Pélissier.

Sept autres médaillons sur fond d'or, qui brillent entre les archivoltes des fenêtres, composent une galerie militaire où se font remarquer les personnages suivants, dont ils reproduisent l'image : de Saint-Arnaud, Pelissier, Canrobert, Victor-Emmanuel, roi de Sardaigne, Omer-Pacha, Schamyl, amiral Napier.

Toute cette façade est conçue avec une entente vraiment artistique et monumentale. L'avenue sur laquelle on l'a ménagée, ornée de ses ombrages d'arbres, de rochers et environnées de constructions variées, et des enclos de jardins magnifiques, lui donne un caractère grandiose qui étonne surtout lorsqu'on veut bien se rappeler *que ce monument est la pensée, l'œuvre d'un simple particulier qui a voulu fournir, seul, à la dépense de sa construction.*

Le Logement du fondateur.

Façade de l'intérieur de l'établissement ou du labyrinthe.

Lorsqu'on pénètre dans l'intérieur de l'établissement par l'avenue du Sacramento et avant de gravir les degrés en pierre qui y conduisent, on passe sous le rocher monumental et pittoresque, composé de coquillages les plus variés et les plus étranges que le hasard a fait trouver dans les entrailles de la terre et dont il est parlé plus loin.

Une entrée par la Butte-aux-Belles.

Puis en entrant par *la Butte-aux-Belles*, on trouve à gauche le logement du propriétaire-fondateur et *le bal champêtre* de la

Butte-aux-Belles, de forme carrée ; à droite la *Tourelle* que nous allons décrire, le *salon de Sébastopol* ; et après avoir descendu quelques marches, on se trouve devant la seconde façade de la **tour** monumentale.

On pénètre dans l'intérieur de *la Tour Malakoff*, du côté de cette façade, par trois issues : l'entrée principale, celle de gauche, et l'entrée de la *Tourelle* qui conduit au pont du *Traktir* et de là, dans la tour, par son premier étage. Vue du Labyrinthe, et, à dix ou douze pas de distance, cette façade ne laisse pas que d'être aussi remarquable que celle de l'entrée monumentale par les peintures et les œuvres d'art qui la distinguent.

Le plan d'attaque sous le feu des Russes.

A la hauteur de la première galerie, les regards sont attirés par deux peintures dont le sujet est emprunté aux sentiments les plus purs et les plus tendres de la famille, ce sont deux tableaux représentant, celui de droite; UNE MÈRE; celui de gauche : UNE ÉPOUSE, sublime symbole dans lequel se formule la société ! Des deux côtés et un peu plus bas sont décrits par le pinceau deux magnifiques épisodes de la guerre d'Orient : magnifique fait d'armes digne de rivaliser avec les plus éclatantes batailles de notre vieille armée ; l'autre, le *Plan d'attaque*, conception savante et héroïque, due à la tactique militaire du général en chef de notre armée ; au-dessus d'un pavillon à gauche la *Bataille de Solferino*.

Mais les deux peintures qui ravissent le spectateur et qui lui arrachent des pleurs d'attendrissement, soit par la naïveté et la simplicité du sujet, soit par la conception et la manière dont il a été exécuté, sont, sans contredit, les deux tableaux portant pour inscriptions : *la Lettre de France* et *la Lettre de Crimée*.

Une lettre de France.

La première est toute une scène d'intérieur rendue par la plume et le pinceau avec le plus rare bonheur.

Nous reproduisons ces deux lettres comme étant deux petits chefs-d'œuvres littéraires dans leur genre, et dont l'auteur que nous nommerons, malgré sa modestie, est *M. Chauvelot* lui-même. Sur le tableau intitulé *la lettre de France*, on lit cette lettre franche, naïve et simple d'une mère, écrite à son fils dans le camp de la Crimée, et ainsi conçue :

» Mon cher enfant,

» Ta sœur Nini et ton frère t'embrassent bien. Nous
» avons reçu ton portrait sous le costume militaire. La bles-
» sure que tu as reçue à la joue gauche, et que j'embrasse
» tous les matins, ne te défigure pas trop. Tâche, mon fils,
» qu'il ne t'arrive plus rien sur le *Mamelon-Vert*. Prends cou-
» rage, mon enfant, tu vas bientôt revenir ; on dit que les
» Russes s'en vont dans *la Sébastopol*. Ta cousine t'envoie *trois*
» *francs* dans la bourse qu'elle t'a brodée au crochet ; moi,
» je t'envoie *dix francs* dont tu ne parleras pas dans ta
» lettre. Soigne-toi bien, mon enfant.

» Ta mère GATOT. »

Sur le tableau qui porte l'inscription : *la Lettre de Crimée*, nous retrouvons dans cette lettre l'allure vive, décidée et la rondeur

Une lettre de Crimée.

du soldat français répondant à la lettre de sa mère. On peut en
juger soi-même par la transcription que nous en donnons :

« Chère maman,

« Depuis notre embarquement à Toulon, nous avons sé-
» journé au Pirée, passé le Bosphore et débarqué près
» d'*Eupatoria*, dont nous avons chassé les Russes des hau-
» teurs de l'Alma. Depuis ce jour mémorable, moi, Polyte
» et Titi nous avons débusqué et culbuté des Russes en
» veux-tu en voilà, encore et encore. Aussi, Canrobert nous
» a mis le ruban à la boutonnière en attendant que la croix
» d'honneur nous vienne de Paris.

» Que Lise, Augustine et Fanchette se consolent de notre
» absence, nous pensons toujours bien à leurs tendres adieux
» plus ou moins prolongés ; qu'elles nous conservent par-des-
» sus tout leurs fleurs d'orangers pour le jour du mariage,
» parce que nous leur apporterons très-fidèlement des cou-
» ronnes de lauriers que nous joindrons au bouquet de noce.

» Que nos parents ne nous envoient rien pour l'instant.
» Nous fricottons assez bien du lard fumé et des côtelettes
» du présalé de la Crimée. Quant au dessert, nous trouvons
» sur les coteaux de l'Alma du vrai chasselas de Fontai-
» nebleau ; et puis, le Gouvernement nous donne le café,
» le pousse-café et la rincette. Nous ne faisons pas la sieste
» comme en Espagne ; mais en récompense, nous fumons
» du bon tabac dans des pipes de grand-visir que certaines
» Odalisques nous ont procurées en passant par Constan-
» tinople.

» Je t'embrasse bien, bonne maman. Ton petit-fils pour
» la vie,

» GATOT. »

Pour compléter l'ensemble décoratif de cette seconde façade,
le propriétaire-fondateur de la Tour Malakoff, en habile ordonnateur qu'il est, a fait peindre, sur le côté du mur placé au-dessous du Pont de *Traktir*, un vaste et large tableau qui a pour
titre : *Fuite de l'armée russe après la prise de Malakoff.*
Un peu plus loin, à côté du salon de Sébastopol et sous le

pont de Traktir, le visiteur a devant lui une immense peinture représentant la *Prise de Sébastopol*, qui est une copie bien réussie du tableau de M. Yvon, dont le musée du Louvre s'est enrichi. Comme dans l'original, cette copie reproduit les noms des personnages qui sont représentés sur la toile du célèbre artiste. Voici les noms qu'on y lit, au-dessous du cadre qui renferme la peinture : *Dupin*, capitaine; officier russe; *Morfosse*, maréchal-de-logis; *Sauvelet*, soldat; *Crouzat*, capitaine d'artillerie; *Vial*, soldat; *L'Huillier*, caporal; *Massenat*, capitaine; *Collineau*, colonel; *Boutung*, caporal; *Mouton*, sapeur; *Lebrun*, colonel; *Mac-Mahon*, général; *Borel*, capitaine; *Boyer*, capitaine; d'*Harcourt*, sous-lieutenant; *Blanc*, sergent; *Brontel*, général russe; *Boulay*, sergent; *Marie*, fusillier; *Bernard*, artilleur; *Limacher*, zouave; *Lauer*, chef de bataillon; *Lihant*, caporal; *Bresson*, capitaine; de *La Tour du Pin*, lieutenant-colonel.

Entrevue à distance, cette seconde façade, située vers le sud-

La Tourelle de la Bastille et l'évasion de Latude.

est, se détache de l'ensemble par ses détails d'une manière plus pittoresque encore que la façade opposée. Ainsi, par les reflets de lumière qui se produisent sur toutes les lignes du monument, les peintures sont plus apparentes, les balcons ou galeries se dessinent plus gracieusement et le sommet de la tour apparaît dans toute sa majestueuse perspective. Ainsi les sept médaillons sur fond d'or qui brillent sur cette façade nous rappellent les traits de l'un de nos braves qui se sont distingués sur le champ de l'honneur, tel que le général *Lourmel mort glorieusement*, et de deux dipomates célèbres : le *baron Hubner et de Bourqueney ;* enfin ceux…Les canons surtout braqués du haut du bastion qui la couronne, et la statue d'Eutrope qui s'élève à la cîme du clocheton, produisent un effet merveilleux et guerrier à la fois. Cette statue

Eutrope et Clio, muses de l'histoire.

d'Eutrope, personnification de la gloire qui tient à la main droite l'olivier, symbole de la paix, et à la main gauche un livre et des couronnes de lauriers et de branches de chênes, est une heureuse idée bien appropriée à ce monument consacré à la valeur guerrière. Cette déesse, si honorée par les Grecs et les Romains, planant au-dessus de la *Tour Malakoff*, ornée de médaillons à fond d'or où brillent les portraits des plus illustres capitaines et soldats de nos armées, résume l'idée de cette belle construction, qui a pour objet de transmettre à la postérité les noms les plus glorieux de notre histoire militaire, et ceux des valeureux soldats de la Reine Victoria, se confondant dans le même sanctuaire et s'étant réunis pour le même objet : la sauvegarde de l'Empire ottoman, comme étant de la même famille et de la même patrie.

Le pont de Traktir.

A la droite du visiteur tourné en face de l'entrée intérieure de la Tour Malakoff que nous venons de décrire, est une seconde entrée du monument. On y pénètre par la *Tourelle*, appelée aussi *Tour de la Bastille*, qui, séparée de Malakoff, s'y joint par le pont de *Traktir*. A cette tourelle se rattachent des souvenirs historiques. Les marches qui composent l'escalier intérieur proviennent de l'une des descentes des souterrains de la Bastille. Extraites de cette prison d'État, elles avaient été utilisées à la construction d'un escalier en forme de limaçon dans une maison de la rue de la Tonnellerie. Celle-ci ayant été démolie pour faire place aux Halles-Centrales, le propriétaire-fondateur en fit l'acquisition pour servir à l'escalier de la *Tour Malakoff*. Mais leur nombre ayant paru insuffisant pour être adaptées au grand escalier, il les encadra dans la *Tourelle de la Bastille*, où elles ont trouvé une destination utile et historique à la fois.

L'attention et la curiosité du visiteur y sont d'abord frappées par cette inscription qui apparaît à l'entrée à gauche, gravée sur une pierre incrustée dans le mur; c'est toute l'histoire de la Bastille :

« Témoin de soupirs et de larmes, ces marches ont été foulées par d'il-
» lustres prisonniers où tant d'autres victimes du despotisme ont enduré
» mille fois la mort pendant des demi-siècles de captivité et sans juge-
» ment. *Tel était le bon plaisir des Gouvernements d'alors, avant 1789.* »

» Chauvelot. »

Septembre 1854.

A côté de cette inscription est suspendue, à un crampon scellé dans le mur, une clef qui n'est pas sans avoir un certain mérite et comme souvenir et comme facture artistique. On lit au-dessus de cette clef ces mots :

« Don d'un débris épars de la Bastille. »

L'ombre de Latude, la clé de la Bastille.

Si, en plongeant ses regards dans cet escalier qui simule celui dont il rappelle la triste mémoire, on sent son cœur se serrer au souvenir des victimes de l'horrible prison d'État, l'*ombre de Latude* qui apparaît à demi dans le fond de l'escalier rend ce souvenir tout à fait dramatique. Et pour donner au sujet populaire que cette ombre représente une suite, on aperçoit à droite de la Tour, extérieurement, une peinture qui retrace l'évasion de ce prisonnier célèbre, avec cette légende : *Évasion de Latude dans la nuit du 25 au 26 février 1756.* On voit ainsi le nœud et le dénouement de ce drame féodal avec ses étranges péripéties que chaque visiteur devine facilement.

A côté de ce mur extérieur, l'ordonnateur de cette scène a fait dessiner un vaste tableau portant pour indication : *Les vainqueurs de la Bastille arrivant à l'Hôtel-de-Ville, le 14 juillet 1789.* C'est une page de notre immortelle révolution qui a aussi son éloquence écrite sur un monument élevé à l'histoire militaire de la France. On voit encore sur le mur extérieur deux autres tableaux représentant, l'un : *La liberté des prisonniers, le 14 juillet 1789* ; et l'autre, *un Gouverneur et son élève,* c'est-à-dire la disparition à tout jamais de l'ancien régime.

Mais c'est dans l'intérieur de l'escalier de la *Tourelle* que se complète la pensée qui a présidé à sa construction et qui l'a fait appeler encore la *Tour de la Bastille.* En gravissant les premières marches, à droite, apparaissent deux peintures murales : la première représente *Latude dans son cachot,* 1754, donnant à manger à des rats, les seuls compagnons de sa solitude ; la seconde est *La Prise de la Bastille en 1789.* En montant plus haut, toujours du même côté, on trouve successivement les tableaux suivants : *La Clef des Champs,* épisode de la révolution ; *Latude chez madame de Pompadour,* et la sentinelle : *Qui vive !* Tandis que, à gauche, est le *Portrait d'Aubriot, fondateur de la Bastille,* et en face, du côté opposé, une scène d'intérieur de prison qui a son mérite : *Le Prisonnier lançant une lettre en dehors des murs.* Toutes ces scènes, comme on voit, sont bien appropriées au monument qu'elles caractérisent.

Arrivé à la dernière marche de l'escalier de la Tourelle, le visiteur se trouve placé sur le pont de *Traktir* qui rappelle un magnifique épisode de la guerre de Crimée. Ce pont en bois, hardiment jeté dans l'espace, réunit la *Tour de la Bastille* à la *Tour Malakoff,* dans laquelle on pénètre par une magnifique entrée qui aboutit à l'étage où se trouve le Musée.

En s'arrêtant devant cette troisième façade aérienne de la Tour monumentale, on ne peut s'empêcher d'admirer l'ensemble des décorations qui l'embellissent. Le *Zodiaque militaire* est une des principales conceptions artistiques de cette façade.

On voit d'abord au-dessus de la porte d'entrée cette inscription étincelante en lettres d'or :

CONQUÊTE D'ORIENT **1854** ET **1855**.

A gauche du spectateur on lit au-dessous : *Généraux en chef*, SAINT-ARNAUD, CANROBERT, PÉLISSIER.

A droite, et comme pendant de cette inscription, apparaît celle-ci : TRAITÉ DE PAIX EUROPÉEN SIGNÉ A PARIS LE 30 MARS **1856**.

Le Vestibule, 3ᵉ entrée, les douze signes du Zodiaque.

Tout autour de la porte d'entrée est le *Zodiaque militaire* rayonnant dans l'espace sous les mille couleurs de la lumière qui se joue sur ces figures brillantes d'or et d'azur. Ce *zodiaque* est ainsi décrit et dessiné avec ses emblèmes astronomiques :

Septembre	— Alma.	*Avril*	— Carénage.
Octobre	— Balaclava.	*Mai*	— Kerch.
Novembre	— Inkermann.	*Juin*	— Mamelon-Vert.
Décembre	— Kimburn.	*Juillet*	— Traktir.
Janvier	— Baidar.	*Août*	— Bommarsund.
Février	— Eupatoria.	*Septembre*	— Sébastopol.
Mars	— Tchernaia.		

Ajoutez à ces signes emblématiques sept autres médaillons sur fond d'or qui représentent, ainsi que nous l'avons dit, *de Saint-Arnaud, Canrobert, Pélissier, Victor-Emmanuel, Omer-Pacha, Schamyl, amiral Napier*, et l'on aura une idée de cette page monumentale écrite en l'honneur de nos vaillants soldats.

Cette troisième façade de la *Tour Malakoff* répond ainsi, comme les deux autres, à l'éclatante renommée de sa double destination artistique et militaire. L'idée du *Zodiaque*, toute poétique qu'elle est, n'offre pas moins à l'imagination un attrait invincible à se rappeler les principaux faits d'armes d'une guerre contemporaine qui n'en est pas moins illustre que les guerres passées, sans toutefois en exclure ce qu'elle renferme d'historique.

La quatrième façade ne cède en rien aux trois autres par l'entente et le luxe de son ornementation murale. Opposée à celle du *Pont de Traktir*, elle nous offre une immense aigle aux ailes déployées supportant le prince impérial, avec cette simple légende qui résume toute la pensée de l'Empire : La Paix !! Sept médailles rayonnent au-dessous et au-dessus de cet auguste emblème. D'une part, c'est celui du *général Bosquet*, couronné des lauriers de la victoire; et de l'autre, c'est celui du colonel *Bizot, mort glorieusement.* Les cinq autres qui les complètent sont ceux de *Plumridge, La Marmora, Baraguay-d'Hilliers, St-Jean-d'Angely, amiral Bruat, Beschir.*

Nous terminerons cette rapide revue de la *Tour Malakoff* dans tout ce qu'elle peut offrir extérieurement d'intéressant pour l'art et pour l'histoire, par l'indication de cette partie du monument, au rez-de-chaussée, nommée le *Salon de Sébastopol.*

Le salon de Sébastopol.

Placé immédiatement au-dessous du pont de *Traktir*, formant
en quelque sorte une dépendance de la Tour, ce salon, vaste,
carré, est garni de tables en marbre destinées au service des
rafraîchissements. Quoique dépourvue de tout caractère historique, cette pièce n'en est pas moins remarquable par son appropriation et son ornementation sévère et de bon goût. Un fronton,
aux deux extrémités duquel s'élèvent deux belles statues dorées,
celle de la *Pudeur*, à droite; et celle de la *Force*, à gauche,
de face représente une peinture murale retraçant les *Zouaves au
canal de Palestro*. Ce salon est éclairé par un demi-jour se pro-
duisant à travers des vitraux orientaux dont les dessins sont des
plus variés et sur lesquels la lumière du soleil se joue en mille
reflets fantastiques. Ils sont dus à la composition de MM. *Guyon* et
Ulmann, et passent pour être aussi magnifiques que ceux exécutés
par les soins de ces grands artistes au palais de Sa Hautesse à
Constantinople. Le *Courage*, le *Dévouement* et la *Récompense* sont
peints, en allégorie, sur les trois côtés du mur, et au-dessous, en
face, à droite et à gauche du spectateur, les abeilles, emblèmes

du travail que l'Empire a adoptés dans son écusson pour ses ar-
moiries. Le plafond est orné de quatre sujets peints avec un
rare talent. Les vitraux magiques de ce salon, sous lesquels
se jouent et se mêlent des papillons, des oiseaux, des fleurs
et des fruits, rivalisent de beauté et d'éclat avec les peintures. L'emblème des quatre saisons produit surtout un bel effet
au milieu des couleurs qui se jouent à travers les verres aux
mille reflets. Avant de monter à la *Tour Malakoff* ou après en
être descendu, on va se reposer agréablement l'esprit et le corps
dans le *Salon de Sébastopol*, où tant de souvenirs de nos victoires militaires viennent se presser en foule. Où peut-on mieux
songer à la patrie que là où elle nous apparaît avec toute son
auréole de gloire?

Mais c'est maintenant dans l'intérieur du monument que nous
devons aller chercher d'autres aliments à notre curiosité nationale. Sous ce rapport, l'intérieur de la *Tour Malakoff* ne le cède
en rien à son ornementation extérieure.

IV.

Intérieur de la Tour Malakoff.

En pénétrant dans la Tour Malakoff par l'entrée principale,
qui fait face au Labyrinthe, on se trouve d'abord dans une grande
salle carrée dont les riches vitraux coloriés produisent un effet
saisissant et beau. L'attention du visiteur est bien vite attirée
alors par un tableau de grande dimension représentant une *vue
de la ville et du pont de Fribourg*, en Suisse. A droite apparaissent deux autres tableaux non moins dignes d'arrêter les regards
des curieux ; ils offrent en perspctive les villes de *Sinope* et de
Constantinople, et donnent une idée assez précise de ces deux
cités, dont les noms ont été prononcés si souvent, en France,
durant les événements de ces dernières années. Cette salle que
nous avons décrite très sommairement, peut être considérée
comme le vestibule de la Tour, et en fait concevoir en même
temps l'idée générale.

A peine a-t-on gravi les deux premières marches de l'escalier
que l'on aperçoit, sur la muraille, deux magnifiques zouaves,
placés là comme pour faire les honneurs de l'escalier; ils pa-
raissent absorbés par leur entretien, car ils parlent de la dernière rencontre avec les Russes; trois ou quatre marches plus
haut, on rencontre un chasseur d'Afrique à cheval, admirablement bien peint. Puis, on continue son ascension pour arriver
à l'étage supérieur formant entresol.

Cet entresol se compose de deux salons fort élégants; ce sont,
à droite, le *Salon d'Eupatoria*, et, à gauche, le *Salon de l'Alma*,
ornés l'un et l'autre de plusieurs tableaux remarquables; nous
signalerons notamment les *Blessés de l'Alma*, et un groupe très
animé dans lequel l'artiste a réuni plusieurs costumes militaires.

On monte ensuite à l'étage supérieur. Ici, ce ne sont plus
quelques objets d'art qui sollicitent l'admiration, c'est toute une
galerie de tableaux que le visiteur doit contempler, c'est un
véritable musée, et un musée exclusivement patriotique et na-
poléonien. Aussi, Chauvelot a-t-il donné à cette partie de
sa tour le nom si bien justifié de *musée d'Orient*. Voilà d'abord,
abrité par un grand dôme de verre, le plan en relief de Sébastopol, œuvre d'art et de patience à la fois, car tous les détails
sont bien indiqués; la physionomie générale de la ville est par-
faitement rendue; on voit la rade peuplée de vaisseaux, et on
devine le mouvement et la vie qui l'agitent, au moment surtout
de l'attaque suivie de l'assaut. — Voici maintenant, sous un
autre globe de verre, plusieurs régiments de cavalerie et d'in-
fanterie représentés par de petites figurines en bois; ces esca-
drons qui s'avancent en lignes directes, ces chevaux en course,
ces soldats bronzés par le feu, représentent le *passage du pont
d'Arcole*, une des plus terribles batailles du grand Napoléon; il
est là, l'homme invincible, le géant des armées, et de sa voix
calme et brève, il adresse à ses troupes cette allocution si con-
nue : « Vous n'êtes donc plus les vainqueurs de Lodi ! Sol-
« dats, en avant! qui m'aime me suive! » D'autres figurines,
exécutées de la même façon, reproduisent les phases les plus

remarquables de notre campagne en Espagne. Si, aux œuvres d'art créées par le ciseau, on préfère les œuvres produites par le crayon, voici une série de tableaux lithographiés qui retracent, avec une grande vérité, l'histoire, jour par jour, bataille par bataille, de notre guerre en Orient. Plus loin, on s'arrête encore devant cette sublime épopée de l'Empire, qui commence en 1807 et se termine en 1815, période glorieuse qui n'a rien d'incomparable chez aucune nation de la terre, et que racontent en détail des tableaux lithographiques très rares que Chauvelot ne s'est procuré qu'avec beaucoup de peine et de soins. Tel est, en résumé, l'ensemble du *Musée d'Orient*, auquel tout visiteur est obligé d'accorder une heure d'examen au moins.

En reprenant l'escalier pour aller au deuxième étage, on rencontre encore des peintures de personnages presque aussi grands que nature, car Chauvelot, qui joint à un patriotisme éclairé un véritable amour de l'art, a prodigué les peintures murales. Celle qui nous arrête en ce moment, en plein escalier, serait digne d'orner un salon; c'est un chasseur d'Afrique, dont le soleil a bruni les traits. Le feu de la guerre brille dans son regard. Ainsi accompagné, on arrive au deuxième étage. On a d'abord devant ses yeux la *chapelle Malakoff;* puis on admire un grand tableau qui reproduit la *vallée d'Inkermann*, et qui décore le premier salon; dans le deuxième salon, une imposante scène de bataille se déroule sur toute l'étendue du mur, et frappe d'étonnement le visiteur par la multiplicité des personnages et l'heureuse variété de leurs attitudes. Elle a pour titre : *la Bataille de nuit.*

L'artiste, en effet, a retracé là une rencontre nocturne entre les Français et les Russes. Après avoir payé à ces deux œuvres d'art un légitime tribut d'admiration, le visiteur peut, avant de continuer l'ascension de la tour, aller respirer l'air sur le balcon qu'il a devant lui, à moins qu'il ne préfère passer sur le *pont de Traktir*, pour en considérer la construction pittoresque et originale.

On n'arrive point du deuxième au troisième étage sans faire une halte, tant cet escalier est plein de surprises et d'enchantements. Voici encore un chasseur, mais un chasseur à cheval, cette fois; il couche en joue un Cosaque. Parvenu au troisième étage, on a sous les yeux, dans la *Pièce de Pérécop*, le tableau saisissant de la grotte d'Inkermann, et dans le *Cabinet de Balaclava*, une splendide vue de Balaclava. Ainsi, dans cette ascension, tout retrace des souvenirs glorieux.

En quittant le troisième étage, un énorme médaillon, remarquable par l'entente du coloris et la finesse du dessin, attire les regards de l'étranger et le force à lui accorder un moment d'attention. Cette noble et belle figure, pleine d'expression et d'énergie est celle de *S. H. Abdul-Medjid*; elle est dessinée avec un talent qui fait le plus grand honneur au pinceau de M. Vaillant, l'auteur de toutes les peintures qui embellissent l'établissement de Malakoff. A côté de ce médaillon se dresse un hussard à cheval, bien digne, lui aussi, d'une mention flatteuse, car cheval et cavalier semblent se mouvoir et vivre.

On arrive ainsi de surprise en surprise jusqu'au quatrième étage, c'est-à-dire à peu près au milieu de la tour. M. Chauvelot, avec une convenance toute courtoise, a compris que le visiteur, parvenu à la moitié de son ascension, aurait peut-être le besoin ou le désir de s'arrêter un instant, et il a fait de ce quatrième étage une sorte de salle de conversation, ou plutôt un salon de repos, garni de divans rustiques, sur lesquels on peut s'asseoir pour regarder les nombreux trophées militaires dont les murailles sont recouvertes. Ce *Salon Oriental*, — c'est ainsi qu'il se nomme, — s'ouvre sur une galerie du haut de laquelle on respire les senteurs odorantes des bosquets en fleurs que l'on a sous ses pieds, et l'on voit se dérouler le panorama le plus varié.

Au cinquième étage, on retrouve le souvenir de notre vaillante armée pendant le siége de Sébastopol. Une *scène de bivouac*, peinte dans un petit cabinet, à côté du *Salon d'Inkermann*, est frappante de couleur locale : un soldat, aux formidables moustaches, et qui la veille encore était aux tranchées, boit tranquillement la goutte, pendant que l'un de ses camarades, un petit marmot sous le bras, *allaite*, à l'aide du biberon, ce nourrisson recueilli sous le feu des canons.

C'est au cinquième étage que l'on retrouve encore cette gaie pochade représentant nos soldats cueillant des raisins dans une vigne et poussant ce cri joyeux et plein d'à-propos : *Chasselas de Fontainebleau!*

Une scène du même genre, mais plus caractéristique encore, se trouve au sixième étage ; elle porte pour titre : *Fraction du camp français.* On y voit un grognard fumant voluptueusement sa pipe, sans se préoccuper des balles qui sifflent autour de lui ; à ses côtés se tient la cantinière, une robuste femme, à la peau bronzée, à l'œil ardent, qui verse un petit verre d'eau-de-vie à un conscrit imberbe, mais déjà aguerri, lequel, monté sur un mulet, s'en va à la recherche des provisions. Cette scène rappelle la belle chanson de notre immortel Béranger, devant laquelle on est tenté de s'écrier : *Soldats, voilà Catin !*

Le septième étage se fait remarquer par ses vitraux coloriés: ils sont bleus, rouges et blancs, et rappellent encore, par leurs couleurs nationales, les souvenirs du drapeau tricolore, de ce drapeau glorieux qui a fait le tour du monde avec nos armées triomphantes.

Le visiteur qui a pu remarquer successivement avec quelle variété a été divisé l'intérieur de la Tour, arrive au septième étage, où s'offre un autre genre de diversion : c'est un cabinet-salon dans lequel on peut se retirer, après avoir admiré toutes les curiosités, soit pour recueillir ses impressions, soit pour se livrer, dans la solitude, à la méditation et à la rêverie sur des divans rustiques appropriés à la localité.

Encore quelques marches de plus, et l'on atteint le neuvième étage ; c'est le dernier. On se trouve à une hauteur considérable, entre les douze canons dont les meurtrières de la Tour sont hérissées et la lanterne qui la couronne. Ce petit clocheton, de forme octogone qui supporte la statue d'*Eutrope* mérite, que l'on en fasse une mention particulière ; il est composé des fragments d'une vieille poutre provenant des démolitions des antiques bâtiments qui naguères encore obstruaient les abords de la tour

Saint-Jacques-la-Boucherie ; cette poutre est à elle seule toute une histoire ; elle a servi successivement à la construction de l'ancienne église de Saint-Jacques-la-Boucherie et à celle de la prison du Châtelet, où elle a dû être témoin de tant de souffrances. Elle avait quatre cents ans d'existence, à l'état de chêne, quand elle commença à être employée dans les constructions ; elle a déjà servi pendant six siècles environ ; ajoutez à cela le temps que durera la Tour Malakoff, qui est bâtie de manière à durer longtemps, et on verra que cette poutre, quand elle ne sera plus utilisée, aura quinze ou dix-huit cents ans d'existence, dont dix siècles au moins de service..... Que de révolutions n'a-t-elle pas vu s'accomplir !

Pour le moment, et en attendant d'autres destinées, cette poutre historique est employé à former l'octogone sur le sommet de laquelle s'élève la statue d'Europe, qui termine la tour de Malakoff, comme la statue de la liberté termine la colonne de de la Bastille.

Quand on est sur le balcon du neuvième étage, on a, devant soi, à gauche et à droite, le panorama le plus splendide qui se puisse imaginer. D'un côté, cette immense plaine, toute semée de villages, qui avoisine Paris ; et de l'autre, la gigantesque cité qui se déroule sous le regard dans toute son étendue, depuis Vincennes jusqu'à Belleville, depuis la barrière du Trône jusqu'à l'arc de triomphe de l'Etoile. C'est sur ce féerique balcon qu'un poète très-connu, cédant à un élan subit d'enthousiasme, improvisa les vers suivants dont il fit hommage à Chauvelot :

O noble et belle tour, d'où l'on voit tout Paris,
Garde les souvenirs des triomphes conquis
Sous le ciel inclément de l'antique Crimée.
Je vois revivre ici notre immortelle armée.
Tout est beau, tout est grand et tout parle à nos cœurs
Tout redit les hauts-faits de nos soldats vainqueurs.
Et puis, à ce balcon, un horizon immense
Ravit l'œil étonné qui perce la distance.
Je suis monté souvent au haut du Panthéon,
Et sur cette colonne où vit Napoléon.

J'ai gravi maintes fois les buttes de Montmartre ;
Mais jamais monument, colonne, amphithéâtre,
N'ont charmés mes regards, en montrant à la fois
Un spectacle plus beau que celui que je vois.

La Tour Malakoff ayant face sur la vallée d'Inkermann.

V.

**La Boule panoramatique. — Le Puits de l'Evangile.
L'Obélisque. — Le pont de l'Alma et celui de Turbigo.
— L'Etoile de la France belliqueuse.**

En sortant de visiter la Tour Malakoff par la façade intérieure
de l'établissement, on a devant soi et à ses côtés, trois objets qui

attirent d'abord l'attention : *La Boule panoramatique, le Puits miraculeux de l'Evangile* et *l'Obélisque.* Arrêtons-nous un instant pour les admirer.

La Boule panoramatique du visiteur.

Cette boule brillante qui reflète au milieu du feuillage qui l'environne, les mille rayons de la lumière du jour est la *Boule panoramatique.* Elle s'élève au centre d'un salon champêtre des plus agrestes, tracé en cercle, et semble vouloir reproduire les traits éclatants de joie et de plaisir des visiteurs réunis en société. Des arbres, aux feuilles larges et verdoyantes, étendent leur ombre protectrice tout autour de ce salon champêtre auxquels ils semblent vouloir servir de dôme. Les dimanches, les fêtes et les lundis éclatent et épanouissent, dans cette enceinte de verdure, la franche gaîté et l'allégresse des visiteurs qui, assis devant des tables circulaires, se livrent au bonheur des réunions intimes de la famille ou de l'amitié. La *Boule panoramatique* qui brille à leurs yeux est l'emblème de la félicité terrestre dont elle reproduit, en ces moments, l'aspect fortuné.

Le Puits évangélique des noces de Cana, l'eau se change en vin.

A côté de cette mappemonde emblématique, se trouve le *Puits miraculeux de l'Evangile*, où l'eau se change en vin comme dans les noces de Cana. L'idée tout originale de cette reproduction de l'une des scènes de l'Evangile n'est pas déplacée dans cet établissement consacré à notre histoire militaire. Cette transformation de l'eau en vin rappelle que le courage et les forces du soldat comme du travailleur ne se récupèrent que dans la boisson réparatrice née de la vigne. L'Evangile lui-même n'a-t-il pas glorifié cette liqueur bienfaisante dans plusieurs de ses pages divines? La parabole du maître qui envoie ses serviteurs travailler à sa vigne ; et celle du Cananéen trouvé mourant sur un chemin abandonné et dont les blessures sont lavées avec du vin, ne sont-elles point le meilleur éloge qu'on puisse faire de cette sainte et divine boisson?

Aussi, Chauvelot a-t-il voulu, à l'imitation du Christ, opérer la transformation de l'eau en vin d'une manière à étonner et à ravir à la fois. On voit dans le puits rempli d'eau jusqu'à son orifice, un conduit y plonge dans son intérieur et c'est par ce conduit ou robinet qui paraît destiné à fournir de l'eau, que l'on voit couler du bon et d'excellent vin qui se distribue aux visiteurs à raison de 15 centimes le verre. Les groupes que l'on voit, en été, se presser autour de ce puits étrange, forment des tableaux animés dignes d'être reproduits. Ce sont des pères de famille, de jeunes gens, des enfants, de belles filles qui se pressent à l'envi, un verre en main, autour du puits évangélique pour se rafraîchir et goûter la liqueur dont le patriarche Noé fut l'inventeur et le premier dégustateur.

A deux pas du Puits de l'Evangile et en face de la Tour Malakoff, s'élève, à côté du *Grand Redan*, un des grands obélisques qui aient été construits aux frais d'un simple particulier. D'une hauteur de trente mètres, il porte fièrement sa tête vers les cieux comme pour indiquer que la gloire militaire auquel il est consacré est immortelle. Il se compose d'un socle et d'une aiguille à quatre faces toutes constellées de lettres d'or, nous transmettant les plus beaux noms et les plus belles pages de la guerre de Crimée.

Sur les quatre côtés du socle, on lit ces mots quatre fois reproduits comme étant une juste et sainte consécration aux plus beaux sentiments de la nationalié : *Amour de la patrie ; honneur aux combattants.*

Sur la façade de l'aiguille, du côté opposée de la Tour, on lit les inscriptions suivantes :

GUERRE D'ORIENT, ANNÉE 1854.

PREMIÈRE PÉRIODE. — LA TURQUIE.

« Désastre de Sinope ; l'escadre ottomane fut tout à coup
» surprise dans le port par la flotte russe... le combat fut ter-
» rible.

» Kadry-bey et Hussein-Pacha préférèrent sombrer plutôt que
» de se rendre, et ensevelirent dans les flots leur immortalité.
» Aly-bey imita ce noble exemple de la patrie. »

SILISTRIE.

« Défense héroïque de l'armée turque commandée par
» Omer-Pacha ; les Russes levèrent le siége après avoir envahi
» les provinces danubiennes contre les lois de la guerre. »

Sur la façade de l'aiguille du côté de la Tour, on lit :

GUERRE D'ORIENT, 1854—1855.

TROISIÈME PÉRIODE. — LA CRIMÉE.

« Alma, 20 septembre ; bataille gagnée par l'armée fran-
» çaise commandée par le général Saint-Arnaud contre 40,000
» Russes protégés par des hauteurs inexpugnables.

» *Balaclava — Inkermann — Kinburn — Baïdar — Eupatoria*
» *Tchernaïa — le Carénage — Kersch — le Mamelon-Vert — le*
» *petit et le grand Redan — la Tour Ma'akoff — Sébastopol.* »

Sur la façade de l'aiguille du côté du Labyrinthe sont les inscriptions suivantes :

GUERRE D'ORIENT : TRAITÉ DE PARIS, 30 MARS 1856.

LA PAIX.

« Signée par : Baron Bourqueney, lord Cowley, comte
» Walewski, comte Cavour, marquis Villamarina, comte Orloff,
» baron Hubner, Ali-Pacha, lord Clarendon, Mehemet-Djenil-
» Bey, baron Brunow, comte Buol-Schauenstein. »

DIEU PROTÉGE LA FRANCE.

Enfin, sur la quatrième façade de l'aiguille, du côté de la salle
du bal, on lit ces inscriptions :

GUERRE D'ORIENT, ANNÉE 1854.

DEUXIÈME PÉRIODE. — LA BALTIQUE.

« Combat de Tortoka et d'Uléaborg. Une bombe, près d'écla-
» ter, tombe sur le vaisseau l'*Hecla;* un matelot la ramasse et
» la jette à la mer.....
» Débarquement des troupes et du matériel de siége sous
» la protection des vaisseaux le *Duperré* et l'*Edimbourg;*
» quatre vaisseaux anglais et quatre vaisseaux français pren-
» nent part à l'attaque de Presto; elle tombe et provoque la
» reddition de la forteresse de Bomarsund, sentinelle avancée
» des îles d'Aland, place de guerre de grande importance. »

L'obélisque de la *Tour Malakoff* nous rappelle aussi que, non
loin de la *Californie*, au village de *Villafranca*, autre localité
dont *Chauvelot* est le fondateur, s'élève un second obélisque
dont nous avons parlé au commencement de ce *Guide, comme d'un
hommage offert à S. M. l'Empereur* par le propriétaire de Malakoff. La corrélation d'origine qui existe entre ces deux monuments consacrés au souvenirs des victoires de la patrie, nous
porte à en donner une description, persuadés que les visiteurs
de l'un voudront aller admirer l'autre.

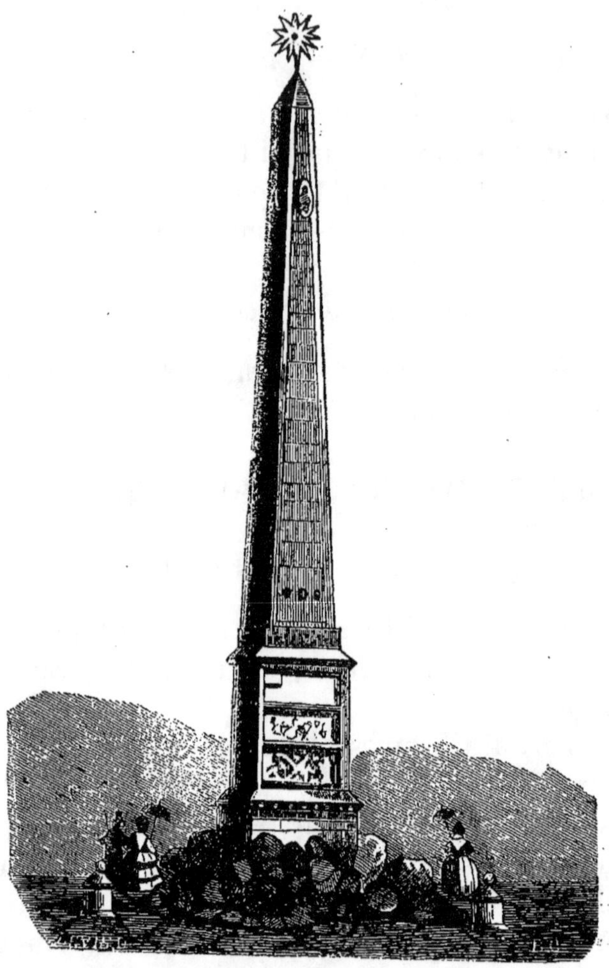

L'Obélisque de Villafranca.

Le village de **Villafranca**, situé dans l'enceinte de Paris, attenant au quartier de Plaisance, dont M. Chauvelot est encore le fondateur, ne se trouve éloigné de Malakoff que d'un kilomètre environ. En partant de la *Tour Malakoff*, on y arrive par la porte de Vanves. Lorsqu'on a franchi le mur intérieur, on voit se dresser, au centre de *Villafranca*, sur la place de l'*Unité italienne*, la flèche de ce monument, surmontée d'une étoile brillante d'or. Il repose sur un rocher factice, et sur les quatre faces on lit, en grosses lettres d'or, toute l'histoire en abrégé de la guerre d'Italie 1859.

Nous croyons être agréables à nos lecteurs en rapportant les inscriptions gravées sur les quatre faces de cet obélisque.

Du côté du chemin de fer, on lit : Guerre d'Italie; *première période*. Au-dessus est un médaillon sur fond d'or, représentant Napoléon III et Victor-Emmanuel.

Au-dessous du médaillon brillent ces mots, en lettres d'or :

LE DÉPART.

« Quand la France tire l'épée, ce n'est pas pour dominer, mais pour affranchir. »
» (*Proclamation de l'Empereur, du 3 mai 1859.*) »

» Deux milliards trois cents millions de subsides ont été donnés par la main du
» peuple, tant cette guerre était nationale. »

Sur le socle, on lit :

DÉPART POUR L'ARMÉE.

Une renommée couronne les noms suivants :

« Le général Niel, le général Luzy, les zouaves à Palestro. »

Au-dessous se trouve un magnifique panneau à fond d'or, représentant le *symbole du vote universel*, avec cette inscription : LE VOTE UNIVERSEL. La grisaille au-dessous représente le départ pour l'armée de l'Empereur, accompagné de S. M. l'Impératrice.

De l'autre côté de l'obélisque, on lit :

GUERRE D'ITALIE. — DEUXIÈME PÉRIODE.

Au-dessous est un médaillon représentant les traits du maréchal Mac-Mahon, duc de Magenta; et au-dessous sont inscrits ces mots : MAGENTA, MONTEBELLO, *Palestro, Laveno, Casteggio, Turbigo, Roberchetto, Malegnano, Morigna, Pontenuevo,* SOLFERINO.

Le symbole de la Constitution de l'Empire suit immédiatement, avec ces mots : CONSTITUTION DE L'EMPIRE. Le panneau représente l'Empereur à Milan, et au-dessous on lit : « Le général
Vinoy, le général Failly, le général Antié à Turbigo. » La grisaille de ce côté représente *Napoléon III couvert de fleurs par
la population qui se presse sur son passage, comme étant le libé-
rateur du peuple de l'Italie régénérée.*

Sur la troisième face de l'obélisque apparaît cette inscription : GUERRE D'ITALIE ; *troisième période.* Le médaillon reproduit
les traits de Napoléon III, dont *la tête est ornée de lauriers,*
symboles de la victoire. On lit ensuite : « SOLFERINO : *com-
mandé par Napoléon III, contre 150,000 Autrichiens protégés
par des hauteurs infranchissables. Ce qui devait être le tombeau
de l'armée française, fut sa gloire et son triomphe.* »

Sur le socle brille l'écusson de l'Empereur, un **N** couronné
sur un manteau semé d'abeilles, représentant le travail et l'industrie. Au-dessous on lit : « *Entrevue des deux Empereurs ;*
au-dessous on lit encore : « le général Manecque, général Char-
lier, général Garibaldi à Varèse. »
La grisaille qui apparaît sur le socle reproduit l'entrevue des
deux empereurs à Villafranca. «Napoléon III, allant à la rencontre
de l'empereur d'Autriche, se découvre et le salue le premier,
montrant par cette déférence vis-à-vis le souverain dont il vient
de vaincre les bataillons, que la modestie et la bonté s'allient
toujours avec la victoire, surtout dans les grandes âmes. »
Enfin, sur la quatrième face du monument apparaissent ces
mots : GUERRE D'ITALIE ; *quatrième période.* Au-dessous, on voit
un médaillon représentant l'Empereur et l'Impératrice pendant
sa Régence. On lit ensuite les inscriptions suivantes :

« *La Rentrée des Troupes*, 8 *juillet* 1859. Préliminaires du
traité de paix de Villafranca. »

» 11 juillet : entrevue des deux Empereurs.

» 10 novembre : conférence de Zurich, qui rétablit la paix
entre la France, l'Autriche et la Sardaigne. »

Sur le socle se trouvent gravés : *Traité de Zurich ;* et au-dessous les noms du général Bazaine, général Forey, général Lespinasse. La grisaille qui termine cette page décorative représente les bienfaits du traité de paix, sous les traits de divers personnages composant une scène pleine de mouvement et d'animation.

C'est tout autour de l'obélisque monumental que rayonnent les rues de *Villafranca,* qui toutes rappellent des souvenirs de gloire et de patriotisme : ce sont les rues et avenues de *Villafranca,* du *Pont-de-Turbigo,* de *Nice-la-Frontière,* de *Palestro,* de *Montebello,* de *Magenta,* des *Vieux-Morillons,* de *la Petite-Voie-de-Paris,* du *Sommet-des-Alpes,* rue *Chauvelot* et rue de

Le Pont de l'Alma entrant dans la vallée.

Chambéry, qui s'ouvrent aux alentours de l'obélisque se dressant fièrement lui-même à leur centre, sur la place de *l'Unité italienne*.

Après avoir admiré l'obélisque de *Villafranca*, nous rentrons à *Malakoff* pour continuer notre visite dans l'intérieur de l'établissement, par les ponts de *l'Alma* et de *Turbigo*, surmonté de *l'Etoile-de-la-France*.

Du pied de la *Tour Malakoff*, en pénétrant dans le labyrinthe formé de bosquets d'arbres touffus ou en fleurs, le visiteur suit des sentiers battus couverts d'épais feuillages odoriférants. Après avoir fait de nombreux détours dans ce site enchanteur, il arrive à son extrémité, coupée par une jolie vallée en miniature, qu'il peut franchir au moyen d'un pont. C'est le *Pont-de-Turbigo*, jeté avec hardiesse sur ce vallon et défendu par une batterie. En le parcourant dans toute sa longueur, il a sous ses pieds la vallée sinueuse, couverte par une abondante végétation, et sur sa tête s'élèvent en arcades rocailleuses et fantastiques des pierres antédiluviennes dont nous aurons bientôt à révéler la curieuse origine. Du milieu du pont de *Turbigo*, en se tournant vers l'autre extrémité de la vallée, on a devant soi le pont de *l'Alma*, qui réunit les deux rives du vallon qui sépare

Le pont de l'Alma.

l'établissement de la *Tour Malakoff* du village de la Californie. Ces deux ponts servent ainsi de trait d'union entre les deux dépendances, consacrées : l'une à nos gloires nationales et aux doux charmes de la société, l'autre à l'agglomération de la population, c'est-à-dire au travail, à l'industrie et à la vie active. Enfin, au-dessus de l'arche en rocailles du milieu du pont de Turbigo, le visiteur voit briller sur sa tête une Étoile d'or qui jette ses reflets éclatants dans l'espace ; c'est *l'Étoile de la France belliqueuse*. Placée sur ce point, elle rappelle qu'en 89, les enfants de la France, se confondant dans un saint enthousiasme, quittèrent leurs ateliers et leurs chaumières pour voler à la défense de la patrie commune. Quatorze armées résistèrent alors à l'Europe coalisée contre la France, qui sortit victorieuse de cette grande lutte, après avoir chassé les ennemis de son territoire. L'Étoile du pont de Turbigo rappelle tous ces faits et bien d'autres souvenirs encore qui ont été enregistrés dans nos annales militaires.

Le pont de Turbigo.

VI.

Le Mamelon Vert. — Le Rocher du Grand Carénage et le Ballon monstre. — Le Grand-Redan et la Poudrière. — La vallée d'Inkermann. — Les Batteries noires. — Les Grottes. — Le bal champêtre de la Butte-aux-Belles.

Auprès de la *Butte-aux-Belles* et presque sur le talus formé par la vallée d'Inkermann, apparaît une construction massive avec ses canons et ses meurtrières, s'offrant comme un ouvrage de défense d'une place forte, c'est le *Mamelon Vert*. On

Le pont de la Vallée et le Mamelon-Vert.

y arrive soit par l'intérieur de l'établissement, en face de la *Tour Malakoff*, soit par la vallée d'Inkermann en suivant le chemin du Bois-Joli, bordée de peupliers d'Italie, qui monte en serpentant jusqu'au pied du sol exhaussé sur lequel il s'élève.

Le *Mamelon Vert* offre aux yeux des visiteurs ses quatre façades irrégulières toutes couvertes d'emblèmes, de bustes et de bas-reliefs. Ainsi, sur la façade du côté de la Tour, on voit vers le haut une peinture représentant un beau fait d'armes désigné par cette inscription : Le *lieutenant Monagla s'empare de quatre pièces de canon à Solférino*. Quatre bas-reliefs et autant de bustes placés dans des niches complètent cette partie décorative de la façade. Au bas du *Mamelon Vert* se déploie un magnifique tableau avec cette inscription : *Retraite de l'armée russe sur Sébastopol après la bataille de l'Alma, le 20 septembre 1854*.

Sur la façade, du côté du bal, apparaît une large peinture bien mouvementée, ainsi désignée : *Matinée du 5 septembre 1855 ; — Bataille d'Inkermann ; — 8,000 russes restés sur le champ de bataille*. Un buste couronne le sommet de cette partie du fort.

Du côté de la vallée d'Inkermann, une peinture toute militaire orne cette façade ; elle porte pour légende : *La Poule au pot*. Cette scène représente des paysans russes qui font les frais de la poule au pot sans être plumée à nos fantassins qui n'y regardent pas de si près.

Enfin, du côté du Labyrinthe, le sommet de la façade est orné de trois bustes de celui de Napoléon Ier au milieu. Au-dessous, les regards sont attirés par une large peinture ainsi désignée : *Les Autrichiens ont voulu du tabac, on leur en donne*. Cette scène est emprunté à la guerre d'Italie.

Le *Grand-Redan* est contigu au *mamelon Vert* ; il a la forme d'un vaste polygone tout flanqué de créneaux et de meurtrières. Des canons le protégent contre toute attaque. Il est en petit ce que le *Grand-Redan* des Russes était en grand. Du côté de la Tour et presque caché par l'ombre des arbustes, on peut admirer au niveau du sol une peinture murale ayant pour titre : *Une tranchée*

Le Grand Redan.

devant Sébastopol. Au centre de cette construction défensive,
s'élève une petite tour surmontée d'une statue avec ce mot *Sébastopol*, au-dessous de laquelle on devine y être un vaste magasin
établi de manière à défier le feu de l'ennemi. : c'est la *Poudrière*. Elle rappelle le souvenir de celle qui éclata au siége de
Sébastopol et dont les effets meurtriers furent terribles pour les
Russes. Le *Grand-Redan* et la *Poudrière* constituent un ensemble de lignes de fortification dont le plan a été emprunté au
génie militaire pendant la guerre de Crimée. Du haut du *Grand-
Redan* et du *Mamelon Vert*, on domine la vallée d'*Inkermann*
qui s'étend à vos pieds, remplie d'ombre, de feuillages et de
mystère, se prolongeant depuis le pont de *Turbigo* jusqu'au-
dessous de celui de l'*Alma.* Par cette vallée, on pénètre, d'un
côté, dans l'établissement de *Malakoff* par le labyrinthe, de
l'autre, dans le village de la *Nouvelle-Californie.*

Non loin du *Grand-Redan* et à côté de la Boule panoramatique, apparaît, sur une élévation vers laquelle on arrive par
les sentiers sinueux du Labyrinthe, un groupe de rochers fantastiques, hérissés de canons et formant une grotte immense, ce

Le rocher, au-dessus des batteries du Grand-Carénage.

sont les *batteries du grand Carénage*, qui rappellent ces formidables batteries russes contre lesquelles nos soldats eurent si souvent et si cruellement à lutter. Cet endroit de l'établissement est un des plus pittoresques, soit par sa situation élevée, soit par le paysage qui l'entoure. formé de rochers, d'arbres touffus et de verdure. L'eau qui jaillit de l'intérieur de ces rochers répand à l'extérieur, au milieu de l'été, une douce fraîcheur et semble animer par son doux murmure le silence de son imposante solitude. Au-dessus des *batteries du Carénage*, on voit s'élever un immense ballon historique qui semble sortir du milieu des rochers pour se perdre dans l'espace. Sur le dôme du ballon apparaît, debout, Clio, la déesse de l'histoire, qui, emportée par l'aérostat glorieux, va annoncer à l'univers les hauts-faits d'armes accomplis par nos soldats de l'armée d'Orient. C'est un magnifique tableau que celui qui est représenté par cette scène tout originale où des rochers, un ballon monstre et l'une des neuf Muses composent les principaux détails.

La montée des batteries du Grand-Carénage.

Après les *batteries du grand Carénage*, le visiteur n'a qu'à descendre la colline sur laquelle s'élève le ballon symbolique, et à prendre les sentiers du Labyrinthe, pour se trouver à l'entrée du pont de *Turbigo*. A côté de ce pont est la *batterie noire* avec ses cinq canons qui semblent vouloir en défendre l'approche. Cette batterie protégeant la vallée d'Inkermann est un des souvenirs de la guerre de Crimée dont elle a formé un des princi-

La Poudrière, surmontée de la statue maritime de Sébastopol.

paux épisodes. La *batterie noire* rappelle la mort semée dans les rangs de nos soldats, qui ripostèrent vigoureusement à leur tour à nos ennemis.

Nous ne passerons point sous silence, au milieu de toutes ces constructions plus merveilleuses les unes que les autres, que *Chauvelot* a voulu consacrer à nos gloires militaires, celles qu'on appelle les *Grottes*. Ici, c'est la nature dans sa plus parfaite imitation. Quand on a vu la grotte de la *batterie du carénage*, celle qui est au bas de la vallée d'Inkermann, au-dessous du *Grand-Redan*, et les arcs en rocaille qui s'élèvent envoûtes au-dessus du pont de *Turbigo*, on se demande si ces pierres et ces rochers sont factices ou réels. Ces pétrifications, ces coquillages, ces herbes marines, ces crustacés solidifiés, comment se trouvent-ils placés à cet endroit, telle est la question que l'on s'adresse à soi-même.

Le Petit-Redan, vu du pont de Turbigo.

Voici la réponse à cette question très-intéressante par elle-même, et surtout sous le rapport de la science géologique. Disons d'abord que ces rochers proviennent d'un banc de moëllons appelé le *banc Saint-Jacques*, le seul qui restait non-seulement dans la carrière mais encore dans le bassin de la Seine.

Le hasard voulut qu'un de ses moëllons séparés par la hachette du maçon, laissa apparaître dans son intérieur, des millions de coquillages les plus variés et les plus étranges. On avait, sans s'en douter, sous les yeux, une immense collection de pétrifications des plus rares. *Chauvelot* s'empara aussitôt du banc entier de moëllons, les fit transporter dans son établissement et après les avoir fait casser, il obtint ces roches anté-diluviennes qui servirent à la construction de ces grottes et que les savants viendront, sans doute, étudier, car elles sont les derniers restes d'échantillons peut-être perdus à jamais pour la science.

Le *Petit Redan*, qui domine les grottes factices, complète l'ensemble des fortifications établies à Malakoff.

Avant de sortir de l'intérieur de Malakoff, nous passerons des *grottes* dans le labyrinthe et en suivant les sentiers qui conduisent devant la Tour, nous arriverons sur le plateau où l'on a établi le bal champêtre.

Le bal champêtre de la Butte-aux-Belles.

Rien de plus gracieux et de plus coquet que le bal de la *Buttes-aux-Belles*. Il a lieu sur une petite place carrée, encadrée d'arbres verdoyants, et dont le parquet est aussi uni que celui d'un salon ; une balustrade en bois entoure extérieurement la salle, et offre un appui commode aux personnes qui, ne voulant pas prendre une part active à la danse, préfèrent en suivre du regard les capricieuses évolutions. A l'intérieur, elle est garnie d'une rangée de bancs rustiques, sur lesquels vont se reposer les danseurs fatigués. Sur un des côtés s'élève un petit pavillon tout ornementé de peintures allégoriques. C'est l'orchestre d'où s'échappent des flots d'harmonie, et où s'exécutent les quadrilles les plus nouveaux, les valses le plus à la mode. Nous mentionnerons surtout le quadrille *la Danse des Russes* que Chauvelot a fait arranger exprès pour son établissement. Il est composé des airs militaires empruntés à la musique des régiments du premier Empire, alors que nos troupes *marchaient au pas de charge et chassaient devant eux les ennemis coalisés de la France.* Ce quadrille, plein d'originalité et d'entrain, est une nouveauté qui plaît singulièrement aux amateurs de la danse et aux spectateurs du bal. De cette salle en plein air on aperçoit, tout en suivant les figures de la danse, toutes les curiosités de Malakoff, qui forment un ensemble de décorations comme on n'en trouve dans aucun établissement de ce genre : d'un côté le *Pont de Traktir*, d'une construction si hardie et si originale, puis la *Tourelle de la Bastille* avec ses peintures historiques, *l'Obélisque* dont la pointe aiguë semble menacer le ciel, le *Mamelon-Vert* tout hérissé de canons, le *Zodiaque* qui reluit à travers l'épais feuillage, comme une étoile à travers un nuage ; le magnifique *Pont de Turbigo* avec son étoile d'or où viennent se jouer les rayons du soleil ; le tableau de la *bataille de Montebello,* 1859, qui rappelle les noms du général Forey et du général Beuret, ce dernier mort là, sur le champ d'honneur, après s'être déjà bravement conduit en Crimée ; et au milieu de toutes ces merveilles la superbe *Tour de Malakoff* dominant le paysage, avec ses balcons variés garnis de curieux, avec ses médaillons dorés, avec ses mille peintures, et ses patriotiques inscriptions !! Où peut-on trouver un tableau plus varié de couleurs et plus imposant de majesté ?

Le bal de la *Butte-aux-Belles*, qui a régulièrement lieu les dimanches et les lundis de chaque semaine, se fait remarquer par la décente modestie de ses habitués, et par le bon ton qui ne cesse de régner parmi les diverses danses. On ne voit pas à la *Butte-aux-Belles* ces pas échevelés et ces débauches chorégraphiques qui réclament, dans certains établissements, l'intervention des représentants de l'autorité. C'est un bal honnête avant tout, ce qui ne l'empêche pas d'être aussi un bal fort gai et fort amusant. Il est généralement composé de jeunes ouvrières qui vont demander à la danse une distraction à leur travail de la semaine; c'est là que l'on peut retrouver la grisette de Paul de Kock que l'on croyait perdue. Les jeunes gens de Montparnasse et de Montrouge y accourent en foule, cela va sans dire, car il faut bien quelqu'un pour faire danser cet essaim de fraîches et riantes jouvencelles, la plupart de Vanves. De nombreuses familles, habitant les différents quartiers de Paris, et qui vont passer la journée du dimanche à Malakoff, se mêlent aussi aux joyeux ébats du quadrille, ou bien se contentent de contempler les danses. L'aspect que présentent ces réunions, composées d'éléments si divers, est non seulement agréable à l'œil, mais encore très-curieux à examiner : les danseuses inexpérimentées et qui font leur début chorégraphique à la *Butte-aux-Belles*, se trouvent à côté de jeunes filles plus aguerries dans l'art de la valse à deux temps, et forment avec elles un délicieux contraste. Ici, des jeunes gens dansent avec leurs sœurs; et plus loin de jeunes mariés, dont aucun nuage n'a encore obscurci la lune de miel, quittent la table rustique où ils prenaient des rafraîchissements pour aller demander un plaisir de plus aux plaisirs du bal, et parmi cette foule si bigarrée, parmi tous ces danseurs et danseuses appartenant à des conditions si différentes et si opposées, jamais de ces gros mots qui font monter le rouge aux visages.

Du reste, un poète de bon aloi, M. Cl. Pierre, qui connaît dans ses moindres détails le bal de la *Butte-aux-Belles*, va nous en dire davantage. Les jolies vers suivants, adressés à Chauvelot, compléteront cette description :

LE BAL DE LA BUTTE-AUX-BELLES.

Air du *Premier bal d'Emma* (Ed. L'Huillier).

REFRAIN.

En avant violons,
Cornet et pistons,
Trombonnes et clairons,
  Musettes,
  Clarinettes
Qu'à vos joyeux sons
Les jeunes garçons,
Les gentilles fillettes
Viennent danser sans façon :
Quadrilles, Polkas,
Valses, Cachuchas,
Varsovianas
Et Redowas,
Cancans. Mazurkas,
Sous les touffes du vert lilas.

1er COUPLET.

Allons, Montrougiennes gentilles,
Reines de ce charmant séjour ;
Venez danser sous les charmilles
De ce nouveau jardin d'amour.
Afin d'oublier la semaine,
Le travail et les noirs soucis
Au bruit des échos de la plaine
Venez mêler vos joyeux cris.
Venez sous les vertes tonnelles,
Jeunes filles aux blonds cheveux,
Danser aux folles ritournelle
De la champêtre Buttes-aux-Belles.
Sages et fous, jeunes et vieux,
Maris trompés, amants heureux,
Accourez à ce bal joyeux.

En avant violons, etc.

2e COUPLET.

Fraîche et sémillante jeunesse,
L'orchestre vient de retentir ;
Livrons nous tous à l'allégresse
Dans ce rendez-vous du plaisir.
L'archet vibrant de la folie
Exalte tous les cœurs aimants ;
Menons ici joyeuse vie,
Sachons profiter des instants.
A l'œuvre ! que chacun s'élance
Aux sons bruyants, harmonieux,
Pour la joyeuse contredanse.
Allons, partons tous en cadence,
De Malakoff, les rouges feux
Eclairent nos fronts soucieux,
Vite, partons. En avant deux !

En avant violons, etc.

3e COUPLET.

Je vois la grosse Joséphine
Au bras d'un galant jardinier,
A côté la blanche Augustine
Sourit avec un cordonnier.
J'aperçois Lise la modiste
Folâtrant, faisant les yeux doux
Avec un gros champignoniste,
Son calicot sera jaloux.
Voyez-vous la gentille Annette
Et son séduisant caporal ?
Admirez la belle Antoinette
Avec sa fraîche toilette,
Elle accourt au bruyant signal,
Des folles joies, du bacchanal,
Elle est reine du festival.

En avant violons, etc.

4e COUPLET.

La poudrière illuminée
Vient éclairer de toutes parts
D'Inkermann la fraîche vallée,
Le Mamelon-Vert et ses remparts.
Au grand Redan du Carénage,
Sur le joli pont de Traktir,
On se bouscule, on fait tapage,
Chacun veut s'exercer au tir.
Plus loin, à la Batterie-Noire
Les francs amis du bon vieux vin,
Les gais partisans de Grégoire
Semblent heureux de boire
De Bacchus le nectar divin,
En répétant ce joyeux refrain :
Qui met tout le monde en train.

En avant violons, etc.

En dehors des bals du dimanche et du lundi, on voit très fréquemment à la *Butte-aux-Belles* des bals de société, des bals de noces, car la *Tour Malakoff*, avec ses amusements variés, ses sites pittoresques, ses curiosités sans fin, est un lieu que l'on choisit de préférence à tout autre quand on veut passer une journée à plaisir, de fête et de danse. Là, se trouvent réunis tous les agréments que l'on peut rencontrer dans les grands établissements de Paris, avec cette différence qu'à *Malakoff* les réunions de familles ne cessent jamais de perdre le caractère d'intimité et de chez soi qui en est le côté le plus agréable.

Le bal de la *Butte-aux-Belles* n'avait qu'un inconvénient, celui de n'avoir d'autre plafond que la voûte azurée des cieux. Aussi, les jours de pluie il y avait relâche forcé. M. Chauvelot ne pouvait pas laisser se prolonger un pareil état de choses, et au moment où nous écrivons ces lignes, il fait abriter la *Butte-aux-Belles* sous une élégante et magnifique voûte champêtre, recouvrant les arbres et laissant, par son élévation, à la perspective tout son charme et son vaste horizon.

Ce salon aérien qui reposera au-dessus du feuillage des arbres comme un *chalet suisse* dont il portera le nom au sein de la verdure des montagnes, aura cinquante-quatre ouvertures et servira de lieu de réunion. Ainsi, tandis que la musique fera retentir ses airs joyeux dans le bal, dans le salon au-dessus les visiteurs pourront se livrer aux causeries les plus franches et les plus intimes de la famille ou de l'amitié.

Nous terminerons cette description, en mettant sous les yeux de nos lecteurs le dessin de la modeste maison que s'est fait construire dans *Malakoff*, M. Vaillant, l'auteur des peintures, décorations de cet établissement. Si ce logement ne peut être considéré comme un monument, ce que ne comporte point sa simplicité, il a du moins un mérite : celui d'honorer l'artiste qui a consacré pendant cinq ans son talent à terminer une œuvre conçue par Chauvelot et exécutée à ses frais. Elle honore encore ce dernier, puisqu'il a facilité à M. Vaillant une construction qui est le fruit de son travail et de ses économies.

La Maison du peintre, fruit de ses économies.

VII.

Comment on fonde un village au XIXe siècle.—Conclusion de ce livre.

L'origine des villes, des bourgs et des villages serait une chose très-curieuse, si l'histoire en avait conservé le souvenir. Malheureusement on ignore comment et par qui la plupart de ces agglomérations de populations ont commencé à se former. Ce n'est que par la succession des siècles, et comme fortuitement que ces agglomérations finissent par se constituer.

L'antiquité nous a bien appris la formation de quelques cités devenues importantes par la suite, mais ce n'a été qu'en l'enveloppant de mystères ou de fables. Romulus est regardé comme le fondateur de Rome; mais quelques cabanes de bergers assemblées par la force ou la crainte, peuvent-elles être regardées à bon droit comme le berceau de la capitale du monde romain et de la ville éternelle des Papes? Un groupe de pauvres chaumières ne peuvent pas constituer réellement ni un village, ni un bourg, et moins encore une ville.

Les pêcheurs qui s'établirent, dans les temps anciens, sur les bords de la Seine, dans l'île de la cité, peuvent-ils passer rigoureusement comme les fondateurs de l'antique Lutèce, devenue, plus tard, la capitale des Franks, et aujourd'hui du monde civilisé? Nous ne le pensons point. Quelques individus se réunissant sur un point donné, ne constituent point tout-à-fait ce qu'on peut appeler la fondation d'une localité.

Sous ce rapport, les Grecs et les Romains procédaient d'une façon plus régulière pour fonder une cité; et c'était au moyen de la colonisation qu'ils arrivaient à voir se former des villes sur leurs vastes territoires. Après la colonisation à laquelle presque toutes nos villes et villages de l'Algérie doivent leur origine, nous devons citer la persécution comme ayant donné lieu à la fondation de plusieurs localités. Lorsque les hordes sauvages du Nord se jetèrent dans le pays Gallo-Romain pour en faire la conquête, parmi les populations vaincues, les unes se soumirent au vainqueur, les autres fuirent devant l'invasion, et allèrent chercher un refuge dans les montagnes. Là, défiant l'insolence des conquérants, elles se bâtirent des demeures, se réunissant en tribus, et formèrent des villages et des cités en dehors du territoire de la conquête.

Plus tard, la persécution religieuse produisit de nombreuses migrations d'individus qui désertèrent les villes où ils ne trouvaient pas la liberté de leur conscience, et allèrent chercher des asiles dans des lieux déserts et abandonnés. C'est ainsi que la plupart des villages des Cévennes et du Midi de la France se sont formés par des tribus exilées de leur sol natal et appartenant soit aux Albigeois, soit au protestantisme.

Dans ces derniers temps, si l'on a vu surgir quelques nouvelles localités, c'est à l'industrie seulement qu'il faut en attribuer l'origine. Le travail des usines, surtout celui de la fonte et du fer, a appelé dans quelques centres des familles d'ouvriers intéressées à trouver de l'occupation pour leur subsistance. A mesure que l'industrie naissante prenait des développements, on voyait accourir de nouveaux individus qui venaient dans ce centre industriel, chercher de l'ouvrage et de nouvelles ressources nécessaires à leurs besoins. Il se formait successivement de la sorte une immense agglomération d'ouvriers qui finissait par constituer une importante localité. Decazeville, dans l'Aveyron, et Grenelle, près Paris, se sont formés de la même manière.

Mais jusqu'à ce jour on a vu rarement un simple particulier se faire, lui seul, fondateur de bourgs ou de villages, et parvenir avec ses propres ressources et son activité intelligente à former des agglomérations d'individus, à bâtir des maisons, en un mot, à composer ce qu'on appelle des localités. *Chauvelot* est peut-être, sous ce rapport, une exception bien remarquable. Quatre villages lui doivent leur origine : *Plaisance*, les *Thermopyles*, *Malakoff*, appelé la *Nouvelle-Californie*, et *Villafranca* ; et chacun de ces quatre villages est toute une histoire à part dont les détails auraient un très-grand intérêt, si nous avions à les raconter ailleurs que dans un *Guide*. Toutefois, nous voulons en indiquer quelques-uns, afin que le lecteur puisse avoir une idée de la manière dont on fonde un village, au XIXe siècle, et des tribulations et des déboires qu'a à éprouver tout fondateur qui travaille pour le bien-être de ses semblables.

L'origine de *Plaisance* est due à une querelle qui s'était élevée entre un cultivateur et des habitants de Paris. Il y a trente ans à peine, tout le côté extérieur de l'avenue du Maine n'était composé que de terrains, les uns cultivés, les autres vagues. Au centre de ces terrains s'élevait le *Moulin de Beurre*, qui, selon une vieille tradition, avait été jadis le rendez-vous des chasseurs parcourant la plaine de Vanves et de Montrouge, jusqu'au Terrier-des-Lapins qui subsiste encore, et où ils venaient chercher le repos de la chasse et une nourriture reconfortante après leurs longues courses à la suite du gibier. A cette époque, les guinguettes, ni les restaurants n'existaient pas encore. Aux environs du moulin étaient des champs de blé.

Un de ces champs était surtout foulé par les passants qui, de l'avenue du Maine se dirigeaient du côté de Vaugirard et de Vanves. Malgré toutes les précautions que prenait le cultivateur, les promeneurs de Paris ne manquaient pas d'y tracer un sentier qui bientôt devenait un chemin que suivaient tous les passants. Un jour, le fermier voulant protéger sa propriété, se prit de querelle avec des individus qui persistaient à suivre un chemin qui devint plus tard le *chemin de l'Ouest,* qu'ils prétendaient être public contre leur adversaire qui soutenait le contraire. La discussion, fort vive, s'animait de plus en plus et allait tourner au drame, lorsque par hasard intervint *Chauvelot* que ses affaires appelaient vers ces lieux. Il fit comme dans la fable de l'*Huître et des deux plaideurs*; il donna raison au fermier qui défendait ses droits de propriété; il donna encore raison aux passants qui, n'ayant pas devant eux de chemin plus direct pour aller du côté de Vanves, prenaient celui qui leur était indiqué par la nature des lieux; et en même temps les blâma de causer des dommages à la propriété d'autrui. Mais comme cette décision ne devait ni ne pouvait contenter personne, il résolut d'acheter une partie de ces terrains, d'y tracer des rues déjà indiquées par l'*instinct humain,* puisque l'endroit paraissait être un affluent pour la population qui venait dans Paris et pour celle qui en sortait, et, enfin, d'y bâtir un village.

Cette idée conçue dans son esprit fut mise immédiatement à exécution. Le propriétaire de tous ces immenses terrains était M. de Perceval. Il se rendit immédiatement auprès de lui, et après avoir tracé les limites d'une certaine quantité de terrain, il les acheta incontinent un prix discuté et convenu. Par cette acquisition, *Chauvelot* rendit un service signalé à tous les habitants des quartiers de la barrière du Maine et de celle de Montparnasse, car il ouvrit un accès du côté de Vanves où ils ne pouvaient arriver que par des chemins détournés. Aussitôt on vit s'élever autour du *Moulin-de-Beurre* de nombreuses construction; une vingtaine de grandes rues furent ouvertes par ses soins; enfin, par ses soins aussi le nom de *Moulin-de-*

Beurre d'origine féodale, fut changé en celui de *Plaisance*, plus vrai et plus euphonique. Nous avons visité cette belle et jolie localité où chaque pierre, chaque moëllon rappellent le nom de *Chauvelot* et ce qu'il s'est donné de peines pour la créer et lui donner une importance relative. Pourquoi son nom n'est-il pas porté par quelqu'une de ses rues qui témoigneraient, au moins, que l'ingratitude à l'égard du fondateur n'est pas entrée dans les cœurs de ses habitants?

Si l'origine de *Plaisance* est due à une querelle, celle de *Malakoff* et de la *Californie* est le résultat d'un mal de tête. Lorsque Jupiter, dit la fable, enfanta Minerve, ce fut à la suite d'un mal de tête. Le père des dieux se sentant de grandes douleurs névralgiques, fit appeler Vulcain et lui ordonna de lui fendre le cerveau. Ce qu'exécutant ce dernier, la déesse en sortit tout armée de pied en cap. Sans vouloir le moins du monde comparer *Chauvelot* à Jupiter, nous dirons que le fondateur de *Plaisance*, travaillé de la maladie de la construction et ne voulant pas s'arrêter à un commencement de bâtisse, avait acheté à cette même époque d'autres terrains en dehors des fortifications, dans le territoire de Vanves. Le prix avait été conclu sans même que ces terrains eussent été visités par l'acquéreur.

Or, il advint qu'un jour, souffrant d'un mal de tête et voulant se rendre compte de son acquisition, *Chauvelot*, se dirigeant sur les lieux, trouva qu'il avait fait une fort mauvaise affaire sous le rapport de la nature du sol. Des terrains graveleux, remplis de fondrières et ne renfermant que peu ou point de terres végétales, ne pouvaient offrir à la spéculation que des chances problématiques de bénéfices, sinon des pertes réelles. A cette époque, on avait découvert les placers de la *Californie*; on sait tout l'engoûment du public pour cette contrée de l'or, où tout le monde, disait-on, faisait fortune. Le terrain que venait d'acheter *Chauvelot* était couvert des roues des carrières et renfermait de la pierre en abondance; sa première pensée fut de lui donner une nom de circonstance, et par analogie il l'appela la nouvelle Californie *du moëllon et de la pierre.* Dès ce moment, il ne se laissa pas effrayer par l'insuccès d'une spéculation hasardeuse. Il prit le sol tel que la nature l'avait fait, le fit remuer, transporter, et après une série innombrable de travaux de toute sorte, il dompta en quelque sorte la nature rebelle. En peu d'années, il éleva la *Tour Malakoff*, avec son établissement champêtre, et traça tout autour les rues qui devaient être bordées de constructions, pour s'appeler bientôt la *Nouvelle-Californie*. En prenant lui-même l'initiative, on vit successivement accourir à son appel des propriétaires, des industriels, des négociants, des ouvriers, qui avec son concours élevèrent des bâtisses et se construisirent pour eux et leurs familles plus de *quatre cents* maisons, plus confortables les unes que les autres.

Ce titre de fondateur de *Malakoff* et de la *Nouvelle-Californie* fut rehaussé encore par une quatrième fondation, qui ne laisse point d'avoir, comme les précédentes, une origine toute étrange. De *Plaisance* à *Malakoff*, par la rue de Vanves, la partie intermédiaire était occupée par des terrains qui, quoique à proximité de la ligne de Versailles et du mur d'enceinte, ne laissaient pas que d'être inutilisés. Cette fois, ce fut par une circonstance tout originale que Chauvelot combla la lacune qui existait entre les trois villages qu'il avait fondés, par la création de celui de *Villafranca*. En 1859, MM. Lehec et Levé, propriétaires de terrains, abordant le fondateur de *Malakoff*, pendant une de ces courses journalières qu'il exécutait dans l'intérêt de ses affaires, lui firent la proposition de leur payer une bouteille de bordeaux. *Chauvelot*, qui ne refuse jamais une politesse lorsqu'elle lui est demandée avec convenance, s'exécuta avec toute la grâce qui le distingue. Comme c'est en buvant le Falerne que les affaires se traitent, disait Horace, le poëte épicurien des Romains, ce fut le verre en main et en présence d'un flacon du médoc qu'une partie des terrains où s'élève *Villafranca* furent acquis. Une fois l'acte signé, la première préoccupation de *Chauvelot* se dirigea vers ce but : fonder un quatrième village. Il se mit aussitôt à l'œuvre. Des rues tracées, des places indiquées, des maisons construites de distance en distance constituèrent une nouvelle localité, qui augmente et s'agrandit tous les jours, et à laquelle il donna, en souvenir de la guerre d'Italie, le nom de la ville où fut signé, en 1859, le célèbre traité de paix entre l'Empereur des Français et celui d'Autriche. C'est ainsi qu'à procédé, dans toutes les créations de ses villages, le fondateur de *Malakoff*, c'est-à-dire par le souffle de l'inspiration et l'entraînement de son ardent patriotisme.

Il ne faut pas croire pourtant que le métier de fondateur de villes et de villages, surtout de nos jours, soit des plus faciles et des plus agréables. Que de tribulations, que de déboires et de déceptions ne renferme-t-il point? A combien de vicissitudes un terrain destiné à devenir un village n'est-il pas soumis avant sa transformation, depuis celles qui se produisent du côté de la mauvaise foi jusqu'à celui des exigences des vendeurs? Dans ces conditions, l'achat d'un terrain ne se calcule plus d'après un prix fixe et déterminé d'avance; il dépend encore d'une suite nombreuse de frais accessoires : les gratifications, les épingles, la plus-value, la réserve de certaines conditions exagérées, l'expropriation, etc. Nous ne dirons rien de l'ingratitude, cet autre ver rongeur qui s'attaque à l'homme de bien, qui se dévoue à ses semblables, lorsqu'il échappe à toute autre atteinte. Dans tous les cas, on est convenu de lui faire toujours un véritable lit de Procuste.

Nous n'avons ici qu'à rappeler quelques faits relatifs à la fondation de *Plaisance* qui prouveront combien les entraves inintelligentes sont apportées à l'exercice d'un dévouement qui a pour objet le bien-être de ses semblables. On sait que le Gouvernement a toujours encouragé les particuliers à établir des constructions du côté de la rive gauche de la Seine, et notamment dans la direction de Vaugirard, Montrouge, Vanves, etc., cette partie de la capitale se trouvant située dans la plaine et offrant ainsi, de ce côté, un plus facile développement que vers les autres points opposés. En construisant *Plaisance*, Chauvelot répondait donc aux désirs du Gouvernement. Qui le croirait? la plus grande opposition qu'il devait rencontrer devait venir précisément de la part de l'autorité municipale d'une commune qu'il agrandissait en y faisant élever de nouvelles et de nombreuses habitations. C'est ainsi que *Chauvelot*, se proposant d'utiliser, dans le quartier de Montrouge, de nombreux terrains pour y fonder le quartier des *Thermopyles*, vit l'autorité locale se dresser devant lui comme une barrière insurmontable, lui reprochant de jeter la perturbation dans la commune, parce qu'il y faisait construire des habitations. Ce fut à la suite de ces mesquines tracasseries que le fondateur de *Plaisance*, voyant les difficultés qu'on lui suscitait, porta ailleurs son industrie; Montrouge perdit ainsi l'occasion de devenir un centre populeux et fréquenté pour retomber dans un isolement complet dans lequel il est resté, grâce à un système tracassier et méticuleux. A cette époque, plusieurs membres du conseil municipal, s'adressant à Chauvelot, lui dirent : « Vous qui avez *si bien réussi à édifier Plaisance*, faites-nous » donc, dans le parc de Montrouge, une charmante villa, le » site se prêtant admirablement bien à cette fondation. Par » cette création, vous allez faire revivre Montrouge qui se » meurt dans l'isolement et qui ne sera plus qu'une solitude, si » vous ne venez à son aide. » Ce qui lui fut proposé par M. H...

L'expression de *solitude* appliquée à ce quartier près la capitale était vraie dans la bouche d'un des membres du conseil municipal. Mais la demande, nous pourrions le dire, était tardive; car *Chauvelot* venait d'être *bien accueilli* dans la plaine de Vanves où s'élevait le nouveau village qu'il venait de fonder. Voyez pourtant à quoi tiennent les destinées des choses humaines! Si *Chauvelot* n'avait pas été ridiculement tracassé, le village de la *Nouvelle-Californie* que tout le monde appelle maintenant *Malakoff*, et qui est visité, les dimanches et fêtes, par plus de douze mille personnes, se trouverait placé dans le parc de Montrouge. Et la Tour Malakoff, que l'on voit dans la première localité, eût été également construite dans ce même parc, si bien disposé par sa situation pour renfermer un grand village, et où on verrait accourir une immense population appelée à y faire des dépenses et à s'y livrer à de joyeux divertissements.

Mais le contraire devait arriver par suite de l'impéritie et d'un zèle mal entendu de l'autorité locale. MM. Coisnon et Sarrasin, principaux notables de la commune, ayant été traduits devant les tribunaux pour avoir vendu, à l'imitation de Chauvelot, des terrains destinés à la construction, l'absence de bâtisses se continua dans le Grand-Montrouge, devenu un véritable quartier mort et sans animation aucune. L'octogénaire, le vénérable M. Dumont, fut englobé de la même manière que ces messieurs, pour avoir vendu de son terrain pour bâtir; il n'eut pas besoin de se défendre, il mourut peu de temps après. Chose étrange ! On invoquait alors contre *Chauvelot* et ses imitateurs ces motifs incroyables : que ces industriels allaient appeler dans une localité paisible et calme une bruyante population qui troublerait dans Montrouge sa tranquillité séculaire, et c'était ce qu'on appelait, en style officiel, de la perturbation. Aveuglement inconcevable qui empêchait les opposants de voir que c'était par la concentration de sa population et par le groupement des maisons que la vie peut pénétrer dans un quartier, et que le fondateur de Plaisance, qui avait fait sortir en quelque sorte de dessous terre plus de 1,500 habitations, pouvait, par le fait de son entreprise, donner, non-seulement de l'ouvrage à un nombre infini d'ouvriers en bâtiment, mais encore ramener, selon les vues du gouvernement, une nombreuse population vers la rive gauche de la Seine.

C'est ainsi que M. Sarrasin, après avoir fait construire dans le même Montrouge, sur des terrains occupés par des moulins insalubres, un nouveau quartier formé de plusieurs constructions, le vit déserter, parce qu'on menaçait vaguement ceux qui s'y établissaient de faire démolir leurs constructions, sous prétexte que les faîtes de ces établissements n'étaient pas réguliers. On avait donc à cœur de rendre Montrouge plus habitable ou d'en faire un pays désert; et tout en reprochant aux fondateurs de maisons de jeter la perturbation dans la commune, on ne voyait donc pas que l'on s'armait contre le droit, la raison et le bon sens. Il n'arriva pas moins que M. Sarrasin, sous le coup de ces incessantes tracasseries, vit son quartier abandonné par une peur chimérique et perdit ainsi toutes ses ressources et les fruits de ses travaux. Les déceptions, comme on voit, ne manquent point aux fondateurs de localités; Chauvelot en a eu sa bonne part.

Nous allons clore cette odyssée de tracasseries auxquelles le créateur de la *Tour Malakoff*, et de plusieurs autres villages, a été en butte toujours en voulant faire le bien, par l'exposé des faits qui se rattachent à la fondation de *Plaisance*, localité qui a surgi en quelque sorte de dessous terre malgré quelques mauvais vouloir qui sont venus contrarier ou arrêter son développement. Aujourd'hui que ce village constitue un des beaux quartiers de Montparnasse, formé de 10 à 12,000 habitants, on est à déplorer, sans doute, tout ce qu'un zèle inconsidéré a pu susciter d'opposition à Chauvelot; et l'on se félicite de ce que cette opposition ne l'a pas découragé dans son œuvre. Chauvelot découragé, le lieu de *Plaisance* ne serait, à l'heure qu'il est, qu'un quartier perdu ou désert; cela est incontestable.

Voici les faits auxquels nous faisons allusion. Il existait sur le vieux chemin de Vanves un vieux bâtiment appelé le *Moulin-de-la-Vierge*. En traçant les alignements des rues qui devaient former *Plaisance*, Chauvelot fit ouvrir sur son terrain, et en face de ce moulin, une superbe avenue de 12 mètres de largeur, à laquelle il donna le nom d'*Avenue Vierge-Marie*, conservant ainsi le souvenir de son antique origine. De nombreuses et belles constructions s'élevèrent aussitôt dans cette avenue, d'une longueur d'environ 200 mètres, qui devait être d'une grande utilité publique, ainsi que le fondateur le fit observer à l'autorité locale; puisque, d'un côté, elle aboutissait aux terrains des hospices qui acquéraient par ce moyen une plus-value considérable; et, de l'autre, à la rue du Transit.

L'autorité locale, aveuglée alors sans doute sur l'avenir réservé à la capitale tendant à s'agrandir, répondit à l'observation de Chauvelot par une signification qui lui ordonnait de fermer une extrémité de l'avenue naissante par un mur de 3 mètres de hauteur; et de plus, d'enlever l'inscription *Avenue Vierge-Marie*, pour y substituer? — Rien. *Chauvelot* obéit à l'autorité locale. Savez-vous ce qui est arrivé et ce qui arrive tous les jours? c'est que les habitants de cette avenue, emprisonnés en

quelque sorte, chez eux, et voulant jouir du droit de libre cir-
culation réservé à tous les habitants d'une ville, ont démoli ou
démolissent, tous les jours, en partie, le mur de séparation de
l'avenue, du côté des terrains de l'hospice; et détruisent les
grilles en fer que Chauvelot a substituées, dans l'intérêt de la
salubrité de l'impasse, à la porte charretière, du côté de la rue
du Transit. Une avenue sans nom et la dégradation de la propriété, c'est-à-dire des délits permanents, tels sont les résultats
obtenus par le fait de l'ordonnance de l'autorité locale. Ceci
rappelle un peu ce qui se passait, au moyen-âge, relativement
aux Juifs. On les parquait dans une rue perdue, fermée à ses
deux extrémités, et à laquelle on donnait du moins ce nom : la
Rue des-Juifs. Dans l'avenue construite en face le *Moulin-de-la-
Vierge*, ses habitants sont aussi parqués de la sorte ; seulement,
moins heureux que les juifs du moyen-âge, leur quartier reste
sans désignation. Cela paraît étrange, en plein dix-neuvième
siècle; et cela est pourtant ainsi.

Voici encore un autre fait à l'appui des tribulations auxquelles
est exposé tout fondateur moderne de villages. Il existait, dans
Montrouge, une rue appelée *Chauvelot*. Celui-ci avait créé et bap-
tisé cette localité qui lui devait donc sa naissance et son nom.
C'était bien le moins que la fille reconnut son père en l'imposant
à une de ses rues. On leur donne des noms si étranges et si bi-
zarres, à ces pauvres rues, que lorsqu'on en trouve un de circonstance et d'appropriation, on s'empresse de l'accueillir. Celui
de *Chauvelot* ne pouvait avoir plus d'à-propos, même en n'ad-
mettant pas que l'autorité publique lui en fît un droit.
Ce ne fut pas l'avis de l'autorité locale qui ordonna que la rue
ne porterait pas ce nom, et elle procéda à l'enlèvement de l'inscription. Et cela après *sept années que ce nom avait été apposé
à la rue*. Pourquoi? S'il est un motif, nous ne le devinons
point...

Il est vrai qu'elle lui substitua celui de *Rue Sainte-Eugénie*. En
cela, Chauvelot n'a qu'à se féliciter du choix d'un nom aussi
populaire, qui rappelle aux cœurs de tous les Français l'auguste
souveraine qui règne par tant de vertus et par tant de bienfaits.

Jamais sacrifice ne lui a paru plus respectueux et plus doux à supporter, et il est le premier à s'incliner devant ce nom qu'il vénère.

Mais si S. M. l'Impératrice savait qu'on a substitué son nom, environné, d'ailleurs, de tout l'éclat de la grandeur du trône, à celui d'un nom obscur, il est vrai, pour désigner une rue de Montrouge ; mais que le nom obscur est celui de l'homme qui a fondé cette localité, nul doute que dans sa généreuse grandeur elle ne blamât cette officielle et ingrate substitution. C'est donc le cas de répéter ici cette vieille maxime : *Si le Roi le savait.*

Il est beau, sans doute, de transformer la légende de *Moulin de Beurre* et celle du *Terrier-à-Lapins* en une belle localité qui l'englobe dans son sein pour former un des quartiers populeux de la capitale ; mais qui pensera à celui qui en aura fait le don à cette splendide reine des cités du monde ? Il sera peut-être oublié un jour. Qu'importe ! Ce qui a dû soutenir et ce qui soutient, sans doute, le fondateur dans la continuation de son œuvre philanthropique et humanitaire à la fois, c'est l'approbation qu'il trouve dans sa conscience d'honnête homme et dans les sentiments patriotiques qui l'ont inspiré. C'est déjà une satisfaction que l'on ne saurait lui ravir et dont ce livre qui dit ce qu'il a fait et ce qu'il aurait voulu faire encore, n'est qu'une faible expression. Au lecteur maintenant à lui rendre la justice qu'il mérite !

Paris. — Imprimerie de E. Brière, rue Saint-Honoré, 257.